U0665410

中国科学技术协会
第十次全国代表大会文件

中国科学技术协会 编

人民出版社

目　　录

在中国科学院第二十次院士大会、中国工程院第十五次院士大会、中国科协第十次全国代表大会上的讲话

（2021 年 5 月 28 日）

习　近　平

各位院士，同志们，朋友们：

今天，中国科学院第二十次院士大会、中国工程院第十五次院士大会和中国科协第十次全国代表大会隆重开幕了。这是我们在"两个一百年"奋斗目标的历史交汇点、开启全面建设社会主义现代化国家新征程的重要时刻，共商推进我国科技创新发展大计的一次盛会。

首先，我代表党中央，向大会的召开，表示热烈的祝贺！向在各个岗位辛勤奉献的科技工作者，致以诚挚的慰问！5 月 30 日是第五个全国科技工作者日，我向全国广大科技工作者，致以节日的问候！

今年是中国共产党成立一百周年。在革命、建设、改革各个历史时期，我们党都高度重视科技事业。从革命时期高度重视知识分子工作，到新中国成立后吹响"向科学进军"的号

1

角,到改革开放提出"科学技术是第一生产力"的论断;从进入新世纪深入实施知识创新工程、科教兴国战略、人才强国战略,不断完善国家创新体系、建设创新型国家,到党的十八大后提出创新是第一动力、全面实施创新驱动发展战略、建设世界科技强国,科技事业在党和人民事业中始终具有十分重要的战略地位、发挥了十分重要的战略作用。

党的十九大以来,党中央全面分析国际科技创新竞争态势,深入研判国内外发展形势,针对我国科技事业面临的突出问题和挑战,坚持把科技创新摆在国家发展全局的核心位置,全面谋划科技创新工作。我们坚持党对科技事业的全面领导,观大势、谋全局、抓根本,形成高效的组织动员体系和统筹协调的科技资源配置模式。我们牢牢把握建设世界科技强国的战略目标,以只争朝夕的使命感、责任感、紧迫感,抢抓全球科技发展先机,在基础前沿领域奋勇争先。我们充分发挥科技创新的引领带动作用,努力在原始创新上取得新突破,在重要科技领域实现跨越发展,推动关键核心技术自主可控,加强创新链产业链融合。我们全面部署科技创新体制改革,出台一系列重大改革举措,提升国家创新体系整体效能。我们着力实施人才强国战略,营造良好人才创新生态环境,聚天下英才而用之,充分激发广大科技人员积极性、主动性、创造性。我们扩大科技领域开放合作,主动融入全球科技创新网络,积极参与解决人类面临的重大挑战,努力推动科技创新成果惠及更多国家和人民。

2016 年我们召开了全国科技创新大会、两院院士大会和中国科协第九次全国代表大会,2018 年我们召开了两院院士大会。几年来,在党中央坚强领导下,在全国科技界和社会各界共同努力下,我国科技实力正在从量的积累迈向质的飞跃、从点的突破迈向系统能力提升,科技创新取得新的历史性成就。

——基础研究和原始创新取得重要进展。基础研究整体实力显著加强,化学、材料、物理、工程等学科整体水平明显提升。在量子信息、干细胞、脑科学等前沿方向上取得一批重大原创成果。成功组织了一批重大基础研究任务,"嫦娥五号"实现地外天体采样返回,"天问一号"开启火星探测,"怀柔一号"引力波暴高能电磁对应体全天监测器卫星成功发射,"慧眼号"直接测量到迄今宇宙最强磁场,500米口径球面射电望远镜首次发现毫秒脉冲星,新一代"人造太阳"首次放电,"雪龙2"号首航南极,76个光子的量子计算原型机"九章"、62比特可编程超导量子计算原型机"祖冲之号"成功问世。散裂中子源等一批具有国际一流水平的重大科技基础设施通过验收。

——战略高技术领域取得新跨越。在深海、深空、深地、深蓝等领域积极抢占科技制高点。"海斗一号"完成万米海试,"奋斗者"号成功坐底,北斗卫星导航系统全面开通,中国空间站天和核心舱成功发射,"长征五号"遥三运载火箭成功发射,世界最强流深地核天体物理加速器成功出束,"神威·太湖之光"超级计算机首次实现千万核心并行第一性原理计算模拟,"墨子号"实现无中继千公里级量子密钥分发。"天鲲号"首次试航成功。"国和一号"和"华龙一号"三代核电技术取得新突破。

——高端产业取得新突破。C919大飞机准备运营,时速600公里高速磁浮试验样车成功试跑,最大直径盾构机顺利始发。北京大兴国际机场正式投运,港珠澳大桥开通营运。智能制造取得长足进步,人工智能、数字经济蓬勃发展,图像识别、语音识别走在全球前列,5G移动通信技术率先实现规模化应用。新能源汽车加快发展。消费级无人机占据一半以上的全球市场。甲醇制烯烃技术持续创新带动了我国煤制烯烃产业快速发展。

——科技在新冠肺炎疫情防控中发挥了重要作用。科技界为党和政府科学应对疫情提供了科技和决策支撑。成功分离出世界上首个新冠病毒毒株,完成病毒基因组测序,开发一批临床救治药物、检测设备和试剂,研发应用多款疫苗,科技在控制传染、病毒溯源、疾病救治、疫苗和药物研发、复工复产等方面提供了有力支撑,打了一场成功的科技抗疫战。

——民生科技领域取得显著成效。医用重离子加速器、磁共振、彩超、CT等高端医疗装备国产化替代取得重大进展。运用科技手段构建精准扶贫新模式,为贫困地区培育科技产业、培养科技人才,科技在打赢脱贫攻坚战中发挥了重要作用。煤炭清洁高效燃烧、钢铁多污染物超低排放控制等多项关键技术推广应用,促进了空气质量改善。

——国防科技创新取得重大成就。国防科技有力支撑重大武器装备研制发展,首艘国产航母下水,第五代战机歼20正式服役。东风—17弹道导弹研制成功,我国在高超音速武器方面走在前列。

实践证明,我国自主创新事业是大有可为的!我国广大科技工作者是大有作为的！我国广大科技工作者要以与时俱进的精神、革故鼎新的勇气、坚忍不拔的定力，面向世界科技前沿、面向经济主战场、面向国家重大需求、面向人民生命健康，把握大势、抢占先机，直面问题、迎难而上，肩负起时代赋予的重任，努力实现高水平科技自立自强！

各位院士，同志们、朋友们！

当今世界百年未有之大变局加速演进，国际环境错综复杂，世界经济陷入低迷期，全球产业链供应链面临重塑，不稳定性不确定性明显增加。新冠肺炎疫情影响广泛深远，逆全球化、单边主义、保护主义思潮暗流涌动。科技创新成为国际战略博弈的主要战场，围绕科技制高点的竞争空前激烈。我们必须保持强烈的忧患意识，做好充分的思想准备和工作准备。

当前，新一轮科技革命和产业变革突飞猛进，科学研究范式正在发生深刻变革，学科交叉融合不断发展，科学技术和经济社会发展加速渗透融合。科技创新广度显著加大，宏观世界大至天体运行、星系演化、宇宙起源，微观世界小至基因编辑、粒子结构、量子调控，都是当今世界科技发展的最前沿。科技创新深度显著加深，深空探测成为科技竞争的制高点，深海、深地探测为人类认识自然不断拓展新的视野。科技创新速度显著加快，以信息技术、人工智能为代表的新兴科技快速发展，大大拓展了时间、空间和人们认知范围，人类正在进入一个"人机物"三元融合的万物智能互联时代。生物科学基础研究和应用研究快速发展。科技创新精度显著加强，对生物大分子和基因的研究进入精准调控阶段，从认识生命、改造生命走向合成生命、设计生命,在给人类带来福祉的同时,也带来生命伦理的挑战。

经过多年努力,我国科技整体水平大幅提升,我们完全有基础、有底气、有信心、有能力抓住新一轮科技革命和产业变革的机遇,乘势而上,大展宏图。同时,也要看到,我国原始创新能力还不强,创新体系整体效能还不高,科技创新资源整合还不够,科技创新力量布局有待优化,科技投入产出效益较低,科技人才队伍结构有待优化,科技评价体系还不适应科技发展要求,科技生态需要进一步完善。这些问题,很多是长期存在的难点,需要继续下大气力加以解决。

党的十九大确立了到 2035 年跻身创新型国家前列的战略目标,党的十九届五中全会提出了坚持创新在我国现代化建设全局中的核心地位,把科技自立自强作为国家发展的战略支撑。立足新发展阶段、贯彻新发展理念、构建新发展格局、推动高质量发展,必须深入实施科教兴国战略、人才强国战略、创新驱动发展战略,完善国家创新体系,加快建设科技强国,实现高水平科技自立自强。

第一,加强原创性、引领性科技攻关,坚决打赢关键核心技术攻坚战。科技立则民族立,科技强则国家强。加强基础研究是科技自立自强的必然要求,是我们从未知到已知、从不确定性到确定性的必然选择。要加快制定基础研究十年行动方案。基础研究要勇于探索、突出原创,推进对宇宙演化、意识本质、物质结构、生命起源等的探索和发现,拓展认识自然的边界,开辟新的认知疆域。基础研究更要应用牵引、突破瓶颈,从经济社会发展和国家安全面临的实际问题中凝练科学问题,弄通"卡脖子"技术的基础理论和技术原理。要加大基础研究财政投入力度、优化支出结构,对企业基础研究投入实行税收优惠,鼓励社会以捐赠和建立基金等方式多渠道投入,形成持续稳定的投入机制。

科技攻关要坚持问题导向,奔着最紧急、最紧迫的问题去。要从国家急迫需要和长远需求出发,在石油天然气、基础原材料、高端芯片、工业软件、农作物种子、科学试验用仪器设备、化学制剂等方面关键核心技术上全力攻坚,加快突破一批药品、医疗器械、医用设备、疫苗等领域关键核心技术。要在事关发展全局和国家安全的基础核心领域,瞄准人工智能、量子信息、集成电路、先进制造、生命健康、脑科学、生物育种、空天科技、深地深海等前沿领域,前瞻部署一批战略性、储备性技术研发项目,瞄准未来科技和产业发展的制高点。要优化财政科技投入,重点投向战略性、关键性领域。

创新链产业链融合,关键是要确立企业创新主体地位。要增强企业创新动力,正向激励企业创新,反向倒逼企业创新。要发挥企业出题者作用,推进重点项目协同和研发活动一体化,加快构建龙头企业牵头、高校院所支撑、各创新主体相互协同的创新联合体,发展高效强大的共性技术供给体系,提高科技成果转移转化成效。

现代工程和技术科学是科学原理和产业发展、工程研制之间不可缺少的桥梁,在现代科学技术体系中发挥着关键作用。要大力加强多学科融合的现代工程和技术科学研究,带动基础科学和工程技术发展,形成完整的现代科学技术体系。

第二,强化国家战略科技力量,提升国家创新体系整体效能。世界科技强国竞争，比拼的是国家战略科技力量。国家实验室、国家科研机构、高水平研究型大学、科技领军企业都是国家战略科技力量的重要组成部分，要自觉履行高水平科技自立自强的使命担当。

国家实验室要按照"四个面向"的要求，紧跟世界科技发展大势，适应我国发展对科技发展提出的使命任务，多出战略性、关键性重大科技成果，并同国家重点实验室结合，形成中国特色国家实验室体系。

国家科研机构要以国家战略需求为导向，着力解决影响制约国家发展全局和长远利益的重大科技问题，加快建设原始创新策源地，加快突破关键核心技术。

高水平研究型大学要把发展科技第一生产力、培养人才第一资源、增强创新第一动力更好结合起来，发挥基础研究深厚、学科交叉融合的优势，成为基础研究的主力军和重大科技突破的生力军。要强化研究型大学建设同国家战略目标、战略任务的对接，加强基础前沿探索和关键技术突破，努力构建中国特色、中国风格、中国气派的学科体系、学术体系、话语体系，为培养更多杰出人才作出贡献。

科技领军企业要发挥市场需求、集成创新、组织平台的优势，打通从科技强到企业强、产业强、经济强的通道。要以企业牵头，整合集聚创新资源，形成跨领域、大协作、高强度的创新基地，开展产业共性关键技术研发、科技成果转化及产业化、科技资源共享服务，推动重点领域项目、基地、人才、资金一体化配置，提升我国产业基础能力和产业链现代化水平。

各地区要立足自身优势，结合产业发展需求，科学合理布局科技创新。要支持有条件的地方建设综合性国家科学中心或区域科技创新中心,使之成为世界科学前沿领域和新兴产业技术创新、全球科技创新要素的汇聚地。

第三,推进科技体制改革,形成支持全面创新的基础制度。要健全社会主义市场经济条件下新型举国体制,充分发挥国家作为重大科技创新组织者的作用,支持周期长、风险大、难度高、前景好的战略性科学计划和科学工程,抓系统布局、系统组织、跨界集成,把政府、市场、社会等各方面力量拧成一股绳,形成未来的整体优势。要推动有效市场和有为政府更好结合,充分发挥市场在资源配置中的决定性作用,通过市场需求引导创新资源有效配置,形成推进科技创新的强大合力。

要重点抓好完善评价制度等基础改革,坚持质量、绩效、贡献为核心的评价导向,全面准确反映成果创新水平、转化应用绩效和对经济社会发展的实际贡献。在项目评价上,要建立健全符合科研活动规律的评价制度,完善自由探索型和任务导向型科技项目分类评价制度,建立非共识科技项目的评价机制。在人才评价上,要"破四唯"和"立新标"并举,加快建立以创新价值、能力、贡献为导向的科技人才评价体系。要支持科研事业单位探索试行更灵活的薪酬制度,稳定并强化从事基础性、前沿性、公益性研究的科研人员队伍,为其安心科研提供保障。

科技管理改革不能只做"加法",要善于做"减法"。要拿出更大的勇气推动科技管理职能转变,按照抓战略、抓改革、抓规划、抓服务的定位,转变作风,提升能力,减少分钱、分物、定项目等直接干预,强化规划政策引导,给予科研单位更多自主权,赋予科学家更大技术路线决定权和经费使用权,让科研单位和科研人员从繁琐、不必要的体制机制束缚中解放出来!

创新不问出身,英雄不论出处。要改革重大科技项目立项和组织管理方式,实行"揭榜挂帅"、"赛马"等制度。要研究真问题,形成真榜、实榜。要真研究问题,让那些想干事、能干事、干成事的科技领军人才挂帅出征,推行技术总师负责制、经费包干制、信用承诺制,做到不论资历、不设门槛,让有真才实学的科技人员英雄有用武之地!

第四,构建开放创新生态,参与全球科技治理。科学技术具有世界性、时代性,是人类共同的财富。要统筹发展和安全,以全球视野谋划和推动创新,积极融入全球创新网络,聚焦气候变化、人类健康等问题,加强同各国科研人员的联合研发。要主动设计和牵头发起国际大科学计划和大科学工程,设立面向全球的科学研究基金。

科技是发展的利器,也可能成为风险的源头。要前瞻研判科技发展带来的规则冲突、社会风险、伦理挑战,完善相关法律法规、伦理审查规则及监管框架。要深度参与全球科技治理,贡献中国智慧,塑造科技向善的文化理念,让科技更好增进人类福祉,让中国科技为推动构建人类命运共同体作出更大贡献!

第五,激发各类人才创新活力,建设全球人才高地。世界科技强国必须能够在全球范围内吸引人才、留住人才、用好人才。我国要实现高水平科技自立自强,归根结底要靠高水平创新人才。

培养创新型人才是国家、民族长远发展的大计。当今世界的竞争说到底是人才竞争、教育竞争。要更加重视人才自主培养，更加重视科学精神、创新能力、批判性思维的培养培育。要更加重视青年人才培养，努力造就一批具有世界影响力的顶尖科技人才，稳定支持一批创新团队，培养更多高素质技术技能人才、能工巧匠、大国工匠。我国教育是能够培养出大师来的，我们要有这个自信！要在全社会营造尊重劳动、尊重知识、尊重人才、尊重创造的环境，形成崇尚科学的风尚，让更多的青少年心怀科学梦想、树立创新志向。"栽下梧桐树，引来金凤凰。"要构筑集聚全球优秀人才的科研创新高地，完善高端人才、专业人才来华工作、科研、交流的政策。

科技创新离不开科技人员持久的时间投入。为了保证科研人员的时间，1961 年中央就曾提出"保证科技人员每周有 5 天时间搞科研工作"。保障时间就是保护创新能力！要建立让科研人员把主要精力放在科研上的保障机制，让科技人员把主要精力投入科技创新和研发活动。各类应景性、应酬性活动少一点科技人员参加，不会带来什么损失！决不能让科技人员把大量时间花在一些无谓的迎来送往活动上，花在不必要的评审评价活动上，花在形式主义、官僚主义的种种活动上！

各位院士，同志们、朋友们！

中国科学院、中国工程院是国家科学技术界和工程科技界的最高学术机构，是国家战略科技力量。要发挥两院作为国家队的学术引领作用、关键核心技术攻关作用、创新人才培养作用，解决重大原创的科学问题，勇闯创新"无人区"，突破制约发展的关键核心技术,发现、培养、集聚一批高素质人才和高水平创新团队。要强化两院的国家高端智库职能,发挥战略科学家作用,积极开展咨询评议,服务国家决策。

中国科协要肩负起党和政府联系科技工作者桥梁和纽带的职责,坚持为科技工作者服务、为创新驱动发展服务、为提高全民科学素质服务、为党和政府科学决策服务,更广泛地把广大科技工作者团结在党的周围,弘扬科学家精神,涵养优良学风。要坚持面向世界、面向未来,增进对国际科技界的开放、信任、合作,为全面建设社会主义现代化国家、推动构建人类命运共同体作出更大贡献。

院士是我国科学技术方面和工程科技领域的最高荣誉称号。两院院士是国家的财富、人民的骄傲、民族的光荣。党的十八届三中全会以来,我们改革院士制度,取得积极成效。党的十九届五中全会提出深化院士制度改革,让院士称号进一步回归荣誉性、学术性。在院士评选中要打破论资排辈,杜绝非学术性因素的影响,加强社会监督,维护院士称号的纯洁性。

这里,我给院士们提几点希望。

——希望广大院士做胸怀祖国、服务人民的表率。在中华民族伟大复兴的征程上,一代又一代科学家心系祖国和人民,不畏艰难,无私奉献,为科学技术进步、人民生活改善、中华民族发展作出了重大贡献。新时代更需要继承发扬以国家民族命运为己任的爱国主义精神,更需要继续发扬以爱国主义为底色的科学家精神。广大院士要不忘初心、牢记使命,响应党的号召,听从祖国召唤,保持深厚的家国情怀和强烈的社会责任感,为党、为祖国、为人民鞠躬尽瘁、不懈奋斗!

——希望广大院士做追求真理、勇攀高峰的表率。科学以探究真理、发现新知为使命。一切真正原创的知识,都需要冲破现有的知识体系。"善学者尽其理,善行者究其难。"广大院士要勇攀科学高峰,敢为人先,追求卓越,努力探索科学前沿,发现和解决新的科学问题,提出新的概念、理论、方法,开辟新的领域和方向,形成新的前沿学派。要攻坚克难、集智攻关,瞄准"卡脖子"的关键核心技术难题,带领团队作出重大突破。

——希望广大院士做坚守学术道德、严谨治学的表率。诚信是科学精神的必然要求。广大院士要做学术道德的楷模,坚守学术道德和科研伦理,践行学术规范,让学术道德和科学精神内化于心、外化于行,涵养风清气正的科研环境,培育严谨求是的科学文化。人的精力是有限的,院士们要更加专注于科研,尽量减少兼职,更加聚焦本专业领域。

——希望广大院士做甘为人梯、奖掖后学的表率。"江山代有才人出","自古英雄出少年"。广大院士要在创新人才培养中发挥识才、育才、用才的导师作用。"才者,材也,养之贵素,使之贵器。"要言传身教,发扬学术民主,甘做提携后学的铺路石和领路人,大力破除论资排辈、圈子文化,鼓励年轻人大胆创新、勇于创新,让青年才俊像泉水一样奔涌而出。

各级党委和政府要充分尊重人才,对院士要政治上关怀、工作上支持、生活上关心,认真听取包括院士在内的广大科研人员意见,加强对科研活动的科学管理和服务保障,为科研人员创造良好创新环境。

各位院士，同志们、朋友们！

全面建设社会主义现代化国家新征程已经开启，向第二个百年奋斗目标进军的号角已经吹响。让我们团结起来，勇于创新、顽强拼搏，为建成世界科技强国、实现中华民族伟大复兴不断作出新的更大贡献！

李克强在两院院士大会、中国科协第十次全国代表大会第二次全体会议上强调　充分发挥人力人才资源优势　依靠科技创新提高发展质量效益

　　5 月 28 日下午，两院院士大会、中国科协第十次全国代表大会第二次全体会议在人民大会堂举行。中共中央政治局常委、国务院总理李克强发表重要讲话。

　　李克强说，今天上午，习近平总书记发表了重要讲话，系统总结了我国科技事业取得的新的历史性成就，对加快建设科技强国提出明确要求。要认真学习领会，抓好贯彻落实。

　　李克强指出，去年疫情发生以来，在以习近平同志为核心的党中央坚强领导下，各地区各部门认真贯彻落实党中央、国务院决策部署，扎实做好"六稳"工作、全面落实"六保"任务。我们直面市场主体创新和实施宏观政策，全国上下艰辛努力，我国经济在多重罕见冲击中展现出坚强韧性，实现稳定恢复。广大科技工作者克难攻坚，为疫情防控、新动能成长壮大和经济社会发展作出了重要贡献。

　　李克强说，当前我国经济继续稳中加固、稳中向好，但国

内外环境复杂严峻,不确定性增加。要正视经济运行中存在的困难和挑战,立足我国仍是世界最大发展中国家的基本国情,着力办好自己的事。要以习近平新时代中国特色社会主义思想为指导,坚持稳中求进工作总基调,准确把握新发展阶段,深入贯彻新发展理念,加快构建新发展格局,立足当前,着眼长远,围绕激发市场主体活力、增强发展内生动力,持续深化改革,保持宏观政策必要支持力度,注重用市场化办法解决大宗商品价格上涨等经济运行中的突出问题,大力推动科技创新,扩大内需与对外开放互促并进,在发展中保障和改善民生,保持经济运行在合理区间和就业稳定,推动高质量发展。

李克强指出,近年来,我国科技实力跃上新的大台阶,在关键领域取得一批重大科技成果。新形势下,要充分发挥我国人力人才资源丰富的优势,增强科技创新对经济社会发展的引领带动作用。强化基础研究,筑牢科技创新的基石。注重战略引领,推动关键领域取得更多创新突破。激发企业创新活力,落实好提高制造业企业研发费用加计扣除比例等政策,促进产业升级。推进科技体制改革,为科研人员减负松绑,营造良好环境。弘扬科学精神,加强知识产权保护,激励科研人员特别是青年人才矢志攻关。加强国际科技合作,在开放中提升自主创新能力。

李克强说,两院院士是我国科技工作者的杰出代表,希望大家继续为我国科技进步、人才培养、经济社会发展作出贡献。中国科协要广泛团结科技工作者服务党和国家工作大局,全面提升公众科学文化素质。各级政府要继续关心和支持广大科研人员,努力为他们创造更好的工作与生活条件。

刘鹤、曹建明、陈竺、丁仲礼、武维华、肖捷、张庆黎、万钢和桑国卫、宋健、王志珍、韩启德出席会议。

中央党政军群有关部门主要负责同志,两院院士,中国科协十大会议代表等参加会议。

（来源:新华社北京 2021 年 5 月 28 日电）

科技工作者要当好
科技自立自强的排头兵

——在中国科协第十次全国代表大会上的致词

（2021 年 5 月 29 日）

王 沪 宁

各位代表，同志们：

中国科协第十次全国代表大会，是在"十四五"开局之年、我们党成立一百周年之际召开的，是科协系统和科技界的一次盛会。我受党中央和习近平总书记委托，对大会的召开表示热烈的祝贺！向全国各条战线广大科技工作者致以崇高的敬意！

昨天上午，习近平总书记亲自出席两院院士大会、中国科协第十次全国代表大会并发表重要讲话。讲话站在时代发展前沿，统筹中华民族伟大复兴战略全局和世界百年未有之大变局，科学分析当今世界科技革命和产业变革发展大势，深入总结党领导下我国科技发展的百年历程和辉煌成就，深刻阐明了新发展阶段实现我国科技自立自强的一系列重大问题。讲话视野宏阔、内涵丰富、思想深刻，具有很强的政治性、思想性、战略性、指导性，为加快发展我国科技事业、建设世界科技强国指明了方向、提供了根本遵循,我们要深入学习领会、抓好贯彻落实。

党的十八大以来,以习近平同志为核心的党中央高度重视科技工作、重视发挥科技工作者作用,把科技创新摆在国家发展全局的核心位置,作出战略谋划和系统部署。习近平总书记高瞻远瞩、审时度势,围绕加快推进科技创新、建设世界科技强国提出一系列新思想、新观点、新论断、新要求。广大科技工作者认真学习贯彻习近平总书记重要论述,矢志奋斗拼搏,聚力科技攻关,勇于创新创造,推动我国科技事业取得历史性成就。一大批重大创新成果竞相涌现,一些前沿领域开始进入并跑、领跑阶段,科技实力正在从量的积累迈向质的飞跃、从点的突破迈向系统能力提升,对促进经济社会发展、提高国家综合实力、满足人民日益增长的美好生活需要的支撑作用显著增强。特别是在抗击新冠肺炎疫情和打赢脱贫攻坚战中,广大科技工作者迎难而上、攻坚克难,作出了重大贡献。

中国科协九大以来,中国科协和各级科协组织认真履职尽责,在加强科技工作者思想政治引领、做好联系服务工作、推动创新驱动发展、提高全民科学素质、服务党和政府科学决策等方面做了大量富有成效的工作,在加强党的领导和党的建设、深化科协组织改革、改进工作作风等方面不断取得新的进展,科协组织和科协工作的政治性、先进性、群众性显著增强,有力服务了党和国家工作大局。

习近平总书记指出,科学技术从来没有像今天这样深刻影响着国家前途命运,从来没有像今天这样深刻影响着人民生活福祉,强调中国要强盛、要复兴,就一定要大力发展科学技术,努力成为世界主要科学中心和创新高地。进入新发展阶段,实现"十四五"时期经济社会发展目标,开启全面建设社会主义现代化国家新征程,对加快科技创新提出了更为迫切的要求。广大科技工作者要把思想和行动统一到习近平总书记重要讲话精神上来,把智慧和力量凝聚到落实党中央关于科技自立自强的决策部署上来,努力在新征程上勇立新功。

——希望广大科技工作者坚定理想信念,自觉践行科技报国之志。习近平总书记指出,广大科技人员特别是青年科技人员,要始终把国家和人民放在心上,增强责任感和使命感,勇于创新,报效祖国,把人生理想融入为实现中华民族伟大复兴中国梦的奋斗中。广大科技工作者要深入学习领会习近平新时代中国特色社会主义思想,深入学习领会习近平总书记关于科技创新的重要论述,进一步感悟思想伟力,坚定中国特色社会主义道路自信、理论自信、制度自信、文化自信,增强在党的领导下建设世界科技强国的信心和决心。要始终心怀"国之大者",自觉从党和国家工作大局着眼,维护国家和民族根本利益,把论文写在祖国大地上。要认真学习党史、新中国史、改革开放史、社会主义发展史,从党的百年奋斗历程中汲取奋进力量,坚定不移听党话、跟党走,不断砥砺科技报国的初心和使命。

——希望广大科技工作者坚持"四个面向",为开局"十四五"、开启新征程贡献科技力量。习近平总书记指出,我国经济社会发展和民生改善比过去任何时候都更加需要科学技术解决方案,都更加需要增强创新这个第一动力,强调构建新发展格局最本质的特征是实现高水平的自立自强,必须全面加强对科技创新的部署;强调实践证明,我国自主创新事业是大有可为的! 我国广大科技工作者是大有作为的! 广大科技工作者要肩负起时代赋予的重任,坚持面向世界科技前沿、面向经济主战场、面向国家重大需求、面向人民生命健康,聚焦立足新发展阶段、贯彻新发展理念、构建新发展格局,聚焦党和国家重大发展战略和部署,更好确定科技创新的目标任务和主攻方向,更好推动科技创新与经济社会发展深度融合。要贯彻以人民为中心的发展思想,把惠民、利民、富民、改善民生作为科技创新的重要方向,加强高质量科技供给特别是公共科技供给,让更多科技创新成果造福人民、造福社会。

——希望广大科技工作者增强创新自信,全力打好关键核心技术攻坚战。习近平总书记强调,自主创新是我们攀登世界科技高峰的必由之路,要从国家急迫需要和长远需求出发,努力实现关键核心技术自主可控,把创新主动权、发展主动权牢牢掌握在自己手中。广大科技工作者要树立敢为天下先的雄心壮志,直面问题,迎难而上,敢于探索科学"无人区",勇于挑战最前沿的科学问题,力争在重要科技领域成为领跑者、在新兴前沿交叉领域成为开拓者,抢占世界科技发展的制高点。要把提升原始创新能力摆在突出位置,持之以恒加强基础研究,推出更多国际领先的原创性成果,努力实现更多"从0到1"的突破。要以国家重大科学平台和项目为依托,加强原创性、引领性科技攻关,坚决打赢关键核心技术攻坚战,突出关键共性技术、前沿引领技术、现代工程技术、颠覆性技术创新,着力攻克一批"卡脖子"的关键核心技术,提高科技成果转移转化成效,创造出更多属于我们自己的"国之重器",努力实现高水平科技自立自强。

——希望广大科技工作者弘扬科学家精神,推动形成有利于创新创造的良好风尚。习近平总书记强调,科学家精神是科技工作者在长期科学实践中积累的宝贵精神财富,要大力弘扬胸怀祖国、服务人民的爱国精神,追求真理、勇攀高峰的创新精神,坚守学术道德、严谨治学的求实精神,甘为人梯、奖掖后学的育人精神。广大科技工作者要按照习近平总书记的要求,继承和弘扬老一辈科学家的优良传统,自觉践行社会主义核心价值观,坚守国家使命和社会责任,把爱国之情、报国之志转化为创新创造的实际行动。要肩负起历史赋予的科技创新重任,始终保持对科技事业的热爱和专注,不慕虚荣、不计名利,不断追求"干惊天动地事,做隐姓埋名人"的高远境界。要弘扬优良学风,坚守科技伦理、学术道德、学术规范,提升道德自制力,营造良好学术生态。要言传身教、识才育才用才,甘做提携后学的铺路石和领路人。青年科技工作者要虚心学习、勇于探索,在继承前人的基础上不断实现新的突破和超越。

科协是科技工作者的群众组织,是党领导下的人民团体,是党和政府联系科技工作者的桥梁和纽带。要坚持不懈深化理论武装,在学懂弄通做实习近平新时代中国特色社会主义思想上下功夫,引导科技工作者和科协干部增强"四个意识"、坚定"四个自信"、做到"两个维护",自觉在思想上政治上行动上同以习近平同志为核心的党中央保持高度一致,牢牢把握增强政治性、先进性、群众性要求,最广泛地把广大科技工作者团结凝聚在党的周围,为推动党和国家事业发展汇聚磅礴科技力量。要增强服务大局的意识和能力,认真落实中国科协事业发展"十四五"规划,聚力重大科技项目攻关,加强科技普及推广,促进国际科技交流合作。要健全联系广泛、服务科技工作者的科协工作体系,加强对科技领军人才、青年科技骨干、海外科技人才和广大基层科技工作者的服务,积极为他们办实事解难事,使科协组织真正成为有温度、可信赖的科技工作者之家。要深化科协组织改革,加快建设世界一流科技期刊。要全面加强党的领导和党的建设,贯彻落实全面从严治党部署要求,以党的政治建设为统领抓好党的建设各项工作,建设高素质专业化科协干部队伍,把科协组织建设得更加充满活力、更加坚强有力。

各级党委和政府要认真贯彻党中央关于科技创新的决策部署,落实好创新驱动发展战略,对科技工作者政治上关怀、工作上支持、生活上关心,为他们投身创新创造提供有力保障。要把科协工作摆上重要位置,帮助解决科协组织改革发展中的困难和问题,支持科协组织开展工作。

各位代表,同志们!

实现科技自立自强、建设世界科技强国,广大科技工作者责任重大、使命光荣。让我们更加紧密地团结在以习近平同志为核心的党中央周围,坚持走中国特色自主创新道路,锐意开拓进取、勇于攻坚克难,为夺取全面建设社会主义现代化国家新胜利、实现中华民族伟大复兴的中国梦不懈奋斗!

预祝中国科协第十次全国代表大会圆满成功!

在中国科学技术协会第十次全国代表大会上的致词

（2021 年 5 月 29 日）

科技界代表、科技部部长　　王志刚

各位代表，同志们：

在全党全国喜迎党的百年华诞之际，中国科学技术协会第十次全国代表大会隆重举行。这对凝聚科技自立自强力量、加快建设科技强国步伐具有重大而深远的意义。我谨代表科技界，向大会的胜利召开表示热烈祝贺！向出席大会的各位代表和广大科技工作者致以崇高敬意！

昨天，习近平总书记出席两院院士大会、中国科协第十次全国代表大会并发表重要讲话，对全国科技界和广大科技工作者提出明确要求、寄予厚望，强调抢抓新一轮科技革命和产业变革的重大机遇，坚定实施创新驱动发展战略，加快科技自立自强，奋力建设科技强国，为新时代我国科技事业发展进一步指明了前进方向、提供了根本遵循。全国科技界深受鼓舞、倍感振奋，我们必须深入学习领会习近平总书记重要讲话精神，全面贯彻到科技改革发展的创新实践中。

党的十八大以来，以习近平同志为核心的党中央高度重视科技创新,准确把握世界科技创新发展大势,坚持中国特色自主创新道路,采取有力措施推动我国科技事业取得历史性成就、发生历史性变革。全国科技界认真学习贯彻习近平总书记关于科技创新的重要论述和指示精神,主动识变应变,因时因势而动,聚焦国家当前和长远的急迫需求,坚持"四个面向"的战略方向,坚持科技创新与体制机制创新"双轮驱动",打造国家战略科技力量,着力提升科技攻坚和应急攻关的体系化能力。我们坚持问题导向和目标导向,统筹布局基础研究和关键核心技术攻关,发挥新型举国体制优势,在基础前沿和战略必争领域取得一批标志性引领性重大原创成果。我们大力推动科技与经济社会深度融合,促进创新链与产业链、资金链有机衔接,为高质量发展注入源源不断的内生动力。我们坚持人民至上、生命至上,面对突如其来的新冠肺炎疫情,迅速组建科研攻关组,聚焦五大主攻方向持续开展攻关,以科技创新筑牢了疫情防控的雄关铁壁,中国疫苗已成为全球抗疫的关键利器。我们积极拓展科技对外开放新空间,在推动构建人类命运共同体中践行科技创新使命,为国际创新治理、解决全球性挑战贡献越来越多的中国智慧。我们大力弘扬科学家精神,提出"五个倡导",推动作风学风转变,科技界的创新生态和学术环境明显改观。在科技强国建设中,科协组织主动肩负起历史重任,充分发挥自身独特优势,推动全民科学文化素质迈上新台阶,建设有温度的科技工作者之家,助力科技工作者建设创新型国家、服务创新驱动发展,奏响了科技报国、创新济民的时代强音。

进入全面建设社会主义现代化国家、向第二个百年奋斗目标进军的新发展阶段,党中央把创新摆在我国现代化建设全局的核心位置,把科技自立自强作为国家发展的战略支撑,为全国科技界和广大科技工作者勇攀科技高峰、矢志创新发展指明了方向,提供了广阔空间和舞台。全国科技界将坚持以习近平总书记重要讲话精神为指引,牢记初心使命,心怀"国之大者",聚焦"四个面向",砥砺创新创造,继承发扬老一辈科学家的优良传统,在科学前沿领域大胆探索,全力打好关键核心技术攻坚战,系统推进科技体制机制改革,构建中国特色的国家创新体系,加快走出一条从人才强、科技强到产业强、经济强、国家强的创新发展新路径,加快建设科技强国的步伐,以科技创新的主动赢得国家发展的主动,以高水平的科技自立自强塑造国家未来发展新优势。

各位代表、同志们!

千山跋涉凌峰顶,万里扬帆再起航。立足新发展阶段、贯彻新发展理念、构建新发展格局,迫切需要充分发挥科技创新在世界百年未有之大变局中的关键变量作用、在中华民族伟大复兴战略全局中的支撑引领作用。让我们更加紧密地团结在以习近平同志为核心的党中央周围,凝心聚力,主动作为,攻坚克难,为夺取全面建设社会主义现代化国家新胜利、实现中华民族伟大复兴的中国梦作出新的更大贡献!

最后,祝本次大会取得圆满成功。

在中国科学技术协会第十次
全国代表大会上的致词

(2021 年 5 月 29 日)

人民团体代表、全国总工会副主席　陈　刚

各位代表，同志们：

在中国共产党即将迎来百年华诞之际，中国科学技术协会第十次全国代表大会隆重举行。这是我国科技界的盛会，也是人民团体事业发展中的一件大事。在此，我谨代表中华全国总工会、中国共产主义青年团、中华全国妇女联合会、中国文学艺术界联合会、中国作家协会、中华全国归国华侨联合会、中华全国台湾同胞联谊会、中国残疾人联合会，对大会的召开表示热烈的祝贺！向出席大会的各位代表和广大科技工作者致以崇高的敬意！

党的十八大以来，以习近平同志为核心的党中央高度重视科技创新，习近平总书记作出一系列重要论述、提出一系列明确要求，为科技事业发展指明了方向。过去五年，在习近平新时代中国特色社会主义思想指引下，广大科技工作者坚持面向世界科技前沿、面向经济主战场、面向国家重大需求、面向人民生命健康，砥砺创新创造，取得了举世瞩目的辉煌成就,推动我国科技事业发生历史性重大变化。特别是新冠肺炎疫情发生后,广大科技工作者响应党中央号召,积极投身疫情防控一线,用科技护佑人民健康、传递中国力量,展现了人民至上、生命至上的坚定信念和心有大我、至诚报国的深厚情怀。伟大成就离不开伟大精神的支撑。广大科技工作者以爱国之情、报国之志,生动诠释了科学家精神的时代内涵,奋力谱写了建设创新型国家的新篇章。

中国科协是党领导下团结联系科技工作者的人民团体,是推动科技创新的重要力量。五年来,中国科协深入贯彻落实习近平总书记关于科技创新和科技工作的重要论述,始终聚焦政治引领靶心,保持和增强政治性、先进性、群众性,团结带领广大科技工作者坚定不移听党话、感党恩、跟党走。紧紧围绕党和国家工作大局,深化开放型、枢纽型、平台型组织建设,扎实履行"四服务"职责定位,活跃在全面建成小康社会、脱贫攻坚、产学研融合等领域的前沿一线,展现了科技群团的时代担当。拓展国际合作,以科技支撑服务构建人类命运共同体。勇立改革潮头,以高度的政治自觉推动组织创新,延伸手臂、扎根基层,探索了科技志愿服务、"三长"制等鲜活经验,科协的组织力、动员力、凝聚力不断增强,为促进科技繁荣发展,促进科学普及和推广,推动建设创新型国家、建设世界科技强国发挥了重要作用。

当今世界正经历百年未有之大变局,我们正处在"两个一百年"奋斗目标的历史交汇点,在风云变幻的复杂国际环境中走向民族复兴,机遇与挑战前所未有。昨天,习近平总书记出席两院院士大会、中国科协第十次全国代表大会并发表重要讲话,对广大科技工作者和科协组织提出明确要求、寄予厚望。我们相信,科协组织一定能够不负党中央重托,勇担时代使命,积极发挥科技群团优势,继续保持和增强政治性、先进性、群众性,不断提高政治判断力、政治领悟力、政治执行力,全面深化开放型、枢纽型、平台型组织建设,最广泛地团结引领广大科技工作者奋力创新创造,努力成为科技自立自强的推动者、国家创新体系的建设者、科技支撑社会治理的参与者、构建新发展格局的贡献者。

群团事业是党的事业的重要组成部分。长期以来,各人民团体坚决贯彻落实党中央关于群团工作的部署要求,相互支持、携手并进,共同构建联系广泛、服务群众的群团工作体系,中国特色社会主义群团发展道路越走越宽广。面向未来,我们要一如既往地加强合作、紧密配合,深入学习贯彻习近平新时代中国特色社会主义思想,增强"四个意识"、坚定"四个自信"、做到"两个维护",始终在思想上政治上行动上同以习近平同志为核心的党中央保持高度一致。要持续深化改革创新,努力成为推进国家治理体系和治理能力现代化的重要力量。要进一步增强群众工作本领,把亿万群众更加紧密地团结在党的周围,夯实党长期执政的阶级基础和群众基础。要牢记初心使命、心系"国之大者",认真履行新时代群团组织职责任务,广泛团结动员各自联系的群众,在实现中华民族伟大复兴中国梦的伟大事业中建功立业。

各位代表、同志们!

和衷共济扬帆起,劈波斩浪万里航。准确把握新发展阶段,深入贯彻新发展理念,加快构建新发展格局,群团组织使命在肩。让我们更加紧密地团结在以习近平同志为核心的党中央周围,锐意进取、顽强拼搏,引导广大群众与党同心同德、同向同行,鼓起迈进新征程、奋进新时代的精气神,携手并肩、万众一心,为全面建设社会主义现代化国家作出新的更大贡献!

预祝中国科协第十次全国代表大会圆满成功!

贯彻新发展理念　服务新发展格局
团结引领广大科技工作者为全面建设
社会主义现代化国家而努力奋斗

——在中国科协第十次全国代表大会上的工作报告

万　钢

各位代表：

现在，我代表中国科协第九届全国委员会向大会作工作报告。

中国科协第十次全国代表大会，是在我国开启全面建设社会主义现代化国家新征程、向第二个百年奋斗目标迈进的关键时期召开的一次大会。会议主题是：坚持以习近平新时代中国特色社会主义思想为指导，深入贯彻落实党的十九大和十九届二中、三中、四中、五中全会精神，全面增强政治性、先进性、群众性，立足新发展阶段、贯彻新发展理念、构建新发展格局，坚定不移走中国特色社会主义群团发展道路，坚持面向世界科技前沿、面向经济主战场、面向国家重大需求、面向人民生命健康，发挥科技自立自强战略支撑作用，深化开放型、枢纽型、平台型组织建设，坚持为科技工作者服务、为创新驱动发展服务、为提高全民科学素质服务、为党和政府科学决策服务、为构建人类命运共同体服务,团结引领广大科技工作者听党话跟党走,为推动科技事业高质量发展、全面建设社会主义现代化国家作出更大贡献。

今年适逢党的百年华诞。百年以来,党始终支持依靠科技进步、关心关爱科技人才、领导推动科技组织发展。科技工作者始终与党同心同德,绘就了科学救国、科教兴国、科技强国的奋斗篇章。追溯至党的革命初期,中华苏维埃政府就对培养科技人才并充分发挥作用给予高度重视,在面临军事"围剿"、经济封锁等艰苦条件下,仍面向人民群众广泛宣传科技知识,瑞金红井不仅让百姓喝上甘甜之水,倡导了一种新的生活方式,更让我们饮水思源,铭记科技为民的初心。延安时期,党领导建立的"边区国防科学社"、"陕甘宁边区自然科学研究会"等科技社团广泛开展科技活动。中华人民共和国成立伊始,党中央发出"向科学进军"的号召,凝聚海内外科技工作者奋斗报国,十二年科学技术发展远景规划推动我国科技事业蓬勃发展。改革开放后,小平同志提出"科学技术是生产力"的重要论断,中华民族迎来了历史上最灿烂的科学的春天。在科教兴国战略、人才强国战略、创新驱动发展战略的指引下,我国科技事业突飞猛进,推动中国特色社会主义航船破浪前行。党的十八大以来,以习近平同志为核心的党中央加强对科技事业的全面领导,推动我国科技创新发生历史性、整体性、格局性深刻变化,探索出一条中国特色自主创新道路。在中华民族伟大复兴的壮阔进程中,广大科技工作者响应建设世界科技强国的号召,以高水平的科技自立自强坚决肩负起新时代的历史重任,迎着新一轮科技革命和产业变革的潮头奋力前行。

各位代表、同志们!

百年历程凝聚着党领导下科技工作者的爱国之情、报国之志,镌刻着科技工作者彪炳史册的重大贡献。科技工作者以身许国,党和人民不会忘记,共和国不会忘记。一批批科技工作者优秀代表获授勋奖励,铸就了中国科技时空中的历史丰碑,"两弹一星"精神、"西迁精神"、载人航天精神、科学家精神等永载党的革命精神谱系,激励着亿万科技工作者立足新发展阶段,以自立自强支撑国家发展的信心和决心,在全面建设社会主义现代化国家新征程中砥砺前行、再续辉煌。

科技是第一生产力,人才是第一资源,创新是第一动力。当前和今后一个时期,我国发展仍然处于大有可为的重要战略机遇期。我们要准确把握中华民族伟大复兴战略全局和世界百年未有之大变局的深刻内涵,清醒认识错综复杂的国际环境带来的新矛盾新挑战,清醒认识我国社会主要矛盾变化带来的新特征新要求,准确识变、科学应变、主动求变,坚决肩负起团结科技工作者听党话跟党走的政治使命,最广泛地凝聚起创新创造的强大力量,朝着全面建设社会主义现代化国家、实现中华民族伟大复兴的宏伟目标阔步前进。

过去五年的主要工作和改革创新

过去五年,是党和国家发展进程中极不平凡的五年。面对错综复杂的国际形势、艰巨繁重的国内改革发展稳定任务,特别是新冠肺炎疫情的严重冲击,以习近平同志为核心的党中央团结带领全党全国各族人民砥砺前行、开拓创新,如期打赢脱贫攻坚战,全面建成小康社会取得决定性成就,开启了全面建设社会主义现代化国家新征程。

过去五年,是科技工作者砥砺奋进的五年。广大科技工作者面向世界科技前沿、面向经济主战场、面向国家重大需求、面向人民生命健康,奋力创新创造,积极投身短板攻坚、前沿探索、转化创业、普及服务。在量子信息、铁基超导、中微子、干细胞、脑科学、药物与疫苗研发等基础研究领域,5G 移动通信、超级计算、特高压输电等高新技术领域创新成果迭出,"天问一号"成功着陆火星,"嫦娥五号"、"奋斗者"号等科学探测实现重大突破,中国空间站天和核心舱成功发射。铸造"天眼"的南仁东,探测深地的黄大年,扎根高原的钟扬,"太行新愚公"李保国,"农民院士"朱有勇,"共和国勋章"获得者于敏、孙家栋、袁隆平、黄旭华、屠呦呦、钟南山,"全国脱贫攻坚楷模"李玉、赵亚夫……科技工作者把论文写在祖国大地上,生动诠释了心有大我、至诚报国的浓烈情怀。在党中央的坚强领导下,广大科技工作者与人民群众勠力同心,以智志双扶的生动实践,共同完成了近亿人脱贫的人类壮举,为全面建成小康社会奠定坚实基础。面临西方技术封锁等严峻挑战,更以坚韧不拔的意志持续攻坚"卡脖子"技术,展示中国科技界的勇气和毅力。

过去五年,是科协事业改革创新的五年。在党中央的坚强领导下,中国科协在深化改革中不断增强政治性、先进性、群众性。聚焦政治引领主责,扎实推动习近平新时代中国特色社会主义思想在科技界深入实践。坚持围绕中心、服务大局,不断提升依章办会的工作能力,壮大科普、学术、智库主业,拓展"四服务"工作空间,圆满完成科协"九大"确立的重点任务。接长手臂、扎根基层,畅通联系渠道、织密组织网络,开放型、枢纽型、平台型组织优势持续转化为服务高质量发展的新动能,把广大科技工作者紧紧团结在以习近平同志为核心的党中央周围,为全面建成小康社会、建设世界科技强国作出积极贡献。

一、立根铸魂,科协组织政治建设全面加强

坚定不移把厚植党执政的群众基础作为首要政治任务,把发挥桥梁纽带作用、团结引领科技工作者服务国家发展作为"最大的政治"和"重要的大局",弘扬科学家精神,强化政治引领和政治吸纳,增强"四个意识"、坚定"四个自信",做到"两个维护"。

紧紧把握学懂弄通做实习近平新时代中国特色社会主义思想,深入学习贯彻党的十八大、十九大精神。抓好"关键少数"理论武装,在《人民日报》《求是》等发表理论文章,深入解读总书记思想和关于科技创新、群团发展的重要论述。建立中国科协党组成员、全国学会理事长、知名科学家讲党课常态化机制,开展习近平科技创新论述摘编,用党的创新理论指导科协发展实践,聚焦新时代政治建设靶心设计科协系统工作格局,走好"两个维护"第一方阵。创办中国科协党校,面向科技领军人才、科协系统干部、海外科技人才开展理想信念教育、专题研修、国情调研,推动设立"全国科技工作者日"并广泛开展系列活动,强化全国创新争先奖、中国青年科技奖等激励导向,引导科技工作者时刻牢记总书记嘱托、奋力创新争先,持续打造没有围墙的思想引领阵地。我们总结回顾改革开放 40 年和科协事业 60 年发展历程,召开"双百"座谈会,组织百名科学家和百名基层科技工作者深入学习习近平总书记关于科技创新重要指示精神,进一步凝聚创新发展的强大力量。建设中国科协会史陈列馆,携手全国学会和地方科协共建网上会史馆,体现中央关怀、凝结历史成就、传承奋斗精神。编制并在海内外广泛传播《跟着总书记学科技》、《嘱托》、《佑护》等文化作品,推进思想政治引领空间深化拓展,润物无声凝心聚力,不断筑牢科技界团结奋斗的共同思想基础。

弘扬新时代科学家精神。深入贯彻总书记关于科技创新重要论述,全面阐释胸怀祖国、服务人民的爱国精神,勇攀高峰、敢为人先的创新精神,追求真理、严谨治学的求实精神,淡泊名利、潜心研究的奉献精神,集智攻关、团结协作的协同精神,甘为人梯、奖掖后学的育人精神。中办、国办印发《关于进一步弘扬科学家精神加强作风和学风建设的意见》,科学家精神纳入党的革命精神谱系。研编《爱国奋斗精神学习读本》。全国科学道德和学风建设宣讲深入高校师生,科学家精神宣讲团、科学家精神教育基地、学风传承行动、中国科学家博物馆全方位建设科技工作者的精神家园。引领青年学子接力精神火炬,科学大师名校宣传工程深耕高校,"英才计划"、"高校科学营"等机制实现科教协同育人。探索人才成长规律,老科学家学术成长资料采集工程深入挖掘 500 余位杰出科学家成长历程,展示科学家群体精神气质。"科学家精神"话题引发科技界广泛共鸣,社会辨识度、认同感显著增强,科学家精神引领时代风尚的底色更加浓厚。

引导科技界筑牢意识形态阵地。落实意识形态责任制,前瞻研判科技危机事件可能引发的意识形态风险,在美对我科技企业密集打压封锁之际,组织十家全国学会就"IEEE 审稿门"事件面向国际学术界联合发声。第一时间引导科技界应对"基因编辑婴儿"事件,抢占舆论先机,快速启动专题研究服务中央决策,推动组建国家科技伦理委员会。中国化学会对《德国应用化学》刊发不当论文事件有效反制。科协组织针对重大科技事件的宣传能力和舆论斗争本领不断增强。

夯实科协系统党建保障,破冰学会党建难题。深入贯彻新时代党的建设总要求,推进党建与业务深度融合。完成全国学会党的组织和党的工作"两个全覆盖",在 197 个全国学会建立理事会党委,发挥政治引领作用,推动 207 个全国学会全面实现将"习近平新时代中国特色社会主义思想"、"坚持党的全面领导"、"党的建设"等载入章程。积极探索在学会理事会层面开展党建工作,旗帜鲜明加强党对学会工作的全面领导,切实发挥党组织的政治领导作用和战斗堡垒作用。

巩固主题教育成果,系统推进党史学习教育。扎实推进"两学一做"学习教育,党组、书记处坚持学在前、干在前,深入科研院所和企业调研,共同研究破解科协组织面临的重点难点问题,带动机关和科协系统对标党章找差距、补短板,自觉用习近平总书记系列重要讲话精神武装思想、指导行动。深入开展"不忘初心、牢记使命"主题教育,紧紧围绕学习贯彻习近平新时代中国特色社会主义思想这条主线,结合党中央重大部署,进一步提高调查研究的针对性和破解改革发展难题的能力,不断强化科技为民的初心,牢记党领导下人民团体的政治使命。当前,我们团结广大科技工作者按照学党史、悟思想、办实事、开新局的总目标,正在扎实开展党史学习教育,这是广大科技工作者以实际行动献礼建党百年的科技篇章。我们要从党的百年奋斗历程中汲取奋进力量,走好党史学习教育第一方阵,进一步提升聚焦靶心、团结引领的政治能力,把习近平新时代中国特色社会主义思想武装到每一名党员,进一步提升服务科技工作者和广大群众的能力,营造众心向党、自立自强的浓厚氛围。

以两轮中央政治巡视为契机,持续推进全面从严治党向纵深发展。全面接受政治"体检",把配合巡视和抓好整改作为重大政治任务,系统谋划、统筹推进,即知即改、立行立改,切实担负起巡视整改主体责任。在中央纪委国家监委驻科技部纪检监察组指导下,建立会商协同、调度通报、专事专办、信息发布等传压导责机制。举一反三、综合运用,巩固拓展"不忘初心、牢记使命"主题教育成果,加强政治纪律和政治规矩建设。严格落实中央八项规定精神,自觉克服形式主义、官僚主义,营造风清气正的政治生态。

二、锐意创新,全面拓展"四服务"事业发展新空间

把以人民为中心的发展思想贯穿到科协事业发展全过程,紧扣时代主题,聚力打造科普、学术、智库"三轮驱动"服务品牌,实现科协优势资源战略重组和服务流程再造,为科技工作者创新创造、实现价值搭建广阔舞台。

坚持在联系服务科技工作者"亲"和"紧"上下功夫。发挥中国科协和全国学会、地方科协"一体两翼"组织优势系统联动,为科技工作者提供有温度的服务。推动完善评价奖励制度,强化学会对科技人才尤其是青年人才的培养和举荐,青年人才托举工程支持1700余名青年科研人员成长。网上"科技工作者之家"连接14万基层组织,为科技工作者提供一站式服务。持续加强与港澳台科技组织的交流合作,团结服务港澳台科技工作者融入国家发展、民族复兴大局。把在华工作外国专家纳入联系服务范围,组织开放创新沙龙,促进国际科技共同体信任与合作。零距离听取科技工作者诉求呼声,建设"科情在线"调查系统,连接覆盖全国的645个机构调查节点近400万调查员,形成快速调查和信息获取机制,网上联系服务、引领动员能力进一步增强。坚持从群众中来、到群众中去,充分发挥中国科协"九大"代表联系服务一线科技工作者的桥梁作用,有效接长了科协组织手臂。代表们提出的500余份建议很多被纳入科协和科技事业发展的规划和政策中。

全面提升战略支撑力,强机制、建基地、筑生态促进产学研融合。优化升级创新驱动助力工程,推出"科创中国"服务品牌,打造产学研供需对接的信息平台、技术服务与交易的运营平台、人才与技术的赋能平台。以省级为统筹、地市为中心,共建26个创新枢纽城市(园区)。疫情期间,千场项目路演和技术推介快速构建"互联网+技术服务与交易"动员机制,科技服务团组织科技人员响应企业需求"揭榜挂帅"。建立科技、产业、金融界领军人物参与的"科创中国"咨询委员会,政产学研金服用多主体联动形成要素汇聚涌流的创新联合体。长三角助力创新联盟、国际技术交易联盟等近200个各类新型协同创新组织快速发展。在"科创中国"试点工作中不断强化组织创新,大力营造科技经济深度融合发展的良好生态。

深入落实科学普及与科技创新同等重要的战略思想。准确把握科普内涵之变,既注重科学知识传播,更加强科学方法传授,不断强化科学精神、树立创新自信,推动科普协同化、信息化、国际化转型。连续举办 3 届世界公众科学素质促进大会,成立世界公众科学素质组织筹委会,打造以全球科学素质提升服务人的全面发展的开放高地。全国科普日期间,各地 3.7 万余项科普活动深入农村、社区和企业。牵头落实《全民科学素质行动计划纲要(2006—2010—2020 年)》,协同化机制广聚百川势能共塑社会化动员新格局,中国公众科学素质促进联合体有效调动高校、科技企业、全国学会力量,搭建多主体参与、共享共建的枢纽平台。扎实推动基层科普设施建设,5 年新增达标实体科技馆 158 座、累计达 345 座,流动科技馆、科普大篷车、农村中学科技馆助推基本公共服务均等化,中国特色现代科技馆体系线下服务公众超 4 亿人次。2020 年公民具备科学素质比例达到 10.56%,全民科学素质建设迈上新台阶。天津、陕西、深圳等地全域科普迈出实质性步伐。举办中国科幻大会,与北京市共同建设开放合作高地、创意创造高地、创投创业高地、人才集聚高地,推进科幻产业集聚发展。

突出科技治理特色,打造系统联动的科协智库体系。建立持续研判机制,引导科技工作者聚焦国家战略,强化自主创新的使命导向,加强科技、产业等重大问题战略研究,上报

600 余期决策咨询报告,一些建议得到中央采纳。完善学会主导、科学家领衔、科技界广泛参与、国际科技组织联合支持的工作机制,持续发布重大科学问题和工程技术难题,探索跨界研判"卡脖子"瓶颈的工作机制,激发科技工作者坚持"四个面向"拓展科技广度深度的主动性。协同高校、地方和社会智库形成开放研究平台,会地合作建设战略区域智库。围绕数字经济、公共卫生、成渝双城经济圈建设、黄河流域生态保护和高质量发展等重大问题,会同天津、湖北、重庆、山东等地共建智库。拓展全国学会等专业力量参与立法咨询渠道,形成持续服务国家科学立法的科协品牌。积极配合政府部门开展第三方评估,大众创业万众创新评估、全面创新改革试验评估等受到广泛好评。

三、团结合作,开放型枢纽型平台型组织建设迈出坚实步伐

因应科技经济社会深度融合、创新主体协同发展的时代趋势,把握科技工作者思想动态、规模分布等新特点,探索新时代"三型"科技群团发展的新机制新模式。

坚持以会兴业、以业聚才、以才引才,持续打造团结引领的价值平台。打造世界机器人大会、世界生命科学大会、世界科技与发展论坛、世界青年科学家峰会等国际交流平台,中国主场影响力持续提升。紧扣变革时代的发展主题,主动发起全球话题,广泛汇聚全球智慧。仅 2020 年,世界科技与发展论坛国内直播观看达 2800 万人、海外 13 万人观看英文直播,世界公众科学素质促进大会直播观看超 2000 万人。全国学会和地方科协推出数以万计的精品会议,机制化联系 200 多个国际组织,形成学科领域广泛交叉、产学研深度融合、思想碰撞交流的重要阵地。

强化枢纽功能,提高汇聚联结的服务水平。围绕产学研协同创新,促进人才、技术等创新资源集聚,搭建供需对接的桥梁枢纽。学会联合体、产业协同创新共同体不断提升学会跨界联系的枢纽功能。动员137家全国学会、279家地方科协,跨领域组建由院士领衔、3946位专家学者参加,涵盖产学研等创新主体的105个科技服务团,形成学会服务企业和区域创新发展的新模式。以枢纽带节点,推动跨界创新组织发展,区域创新联盟、技术和企业联合体等新型服务组织不断拓展科协发展的新空间。

发挥国际民间科技交流主渠道作用。以全球视野系统谋划科普、学术、智库国际化,以有效的开放合作引领科技工作者共同应对国际复杂变局。积极参与全球科技治理,代表中国科技界加入372个国际科技组织,推荐中国科学家就任执委以上职务380人。积极参加联合国与重要国际科技组织联合发起的大科学计划。推动联合国教科文组织将每年3月4日设立为世界工程日。保持与美国科学促进会等美主要民间科技组织及资深科学家的良性互动,成功组织中俄科技创新年系列活动,与德、瑞、日、韩、新等国科技对话合作进一步加强。积极开展"一带一路"科技人文交流合作平台建设,支持建立或筹建18个区域科技组织或联盟、26个国际科技组织联合研究或培训中心、5个国别或区域科技问题研究中心。推进工程能力标准和工程师资格国际互认。持续实施"海智计划",累计与102个海外科技团体建立合作关系,设立120

个各类海智基地，以多种形式开展引才引智工作，2019年以来3位海智专家获"中国政府友谊奖"。

四、担当有为，改革创新彰显事业发展根本动力

全面落实中央关于群团改革的重大部署，以不断增强科协组织的政治性、先进性、群众性为标尺，针对与科技工作者不亲不紧、学会治理能力不足、基层组织建设薄弱等突出问题，坚持不懈将科协系统改革引向深入。

强化改革的系统性整体性协同性。加强改革顶层设计和问题导向，同步推进学会和地方科协改革，同步推进党建和业务发展，同步推进科协内部治理能力和对外开放拓展能力提升，同步推进改革任务落实和未来前瞻谋划，地市级科协全部出台改革方案，县级科协改革方案整体出台率达到86%。

党建带群建赋予基层组织新活力。推动组织与业务融通发展，集成科普、学术、智库资源协同下沉，进入基层党建平台，融入社会治理网络，增强科协组织服务发展的能力。构建省域统筹政策机制、市域构建资源中心、县域着重组织落实、各级学会协同联动的工作体系，以新时代文明实践中心、党群服务中心为阵地，推动建立科技志愿服务工作机制。全国实名注册科技志愿者达104万人。服务美丽乡村建设，突出智志双扶助力脱贫攻坚，组织1.2万个农技协（科技组织）、19万名科技专家帮助390万人脱贫。赋能基层"三长"（医院院长、学校校长、农技站站长），有效延长科普服务链，拓宽科普惠民覆盖面。全国市、县、乡三级科协兼职挂职副主席中"三长"达4万余人，基层组织力不断增强。

强化学会改革主体地位。以治理结构和治理方式现代化为目标深化学会治理改革,加快建设世界一流学会,研究探索"僵尸学会"、"口袋学会"退出机制,与民政部联合印发《关于进一步推动中国科协学会创新发展的意见》,支持学会有序发展港澳台会员和外籍会员,探索吸纳港澳台及海外知华友华科学家在学会任职,拓展社会组织发展国际视野。

一流期刊建设取得新突破。联合出台《关于深化改革培育世界一流科技期刊的意见》,大力实施中国科技期刊卓越行动计划,建立动态监测和季度报告制度,有效推动 22 种领军期刊冲击世界一流,8 种期刊学科排名跻身国际前 5,10 种期刊跻身国际前 5%。建设临床案例成果数据库,汇聚 5.5 万余篇病例报告向社会开放,为临床医生评价制度改革提供支撑。首次发布科技期刊自主评价体系,集成 95 个国家(地区)、38 个语种共 1.4 万余种科技期刊构建"世界引文库",形成面向世界的自主评价体系。与全球最大同行评议文献数据库 Scopus 共建选刊推荐机制,持续布局高起点新刊,推进出版集约化、数字化转型,聚力打造具有国际竞争力的科技期刊出版集团。

全力打造网上"科技工作者之家"。服务国家大局,围绕科技工作者所需所盼,持续加强建家交友的工作能力。落实党中央统筹疫情防控和经济社会发展战略部署,"科创中国"汇聚产学研力量,服务科技工作者创新创造。"科普中国"持续营造科普产品创作、传播的生态环境,品牌影响力和传播力明显提升,2020 年全年保持《人民日报》人民号政务榜"榜首"。"智汇中国"持续把学术共同体人才荟萃、智力密集的优势转化为服务党和政府科学决策的优势。科普、学术、智库三大平台资源的高效集成和广泛传播,塑造了科协组织作为"科技工作者之家"的鲜明特色,为构建联系广泛、服务群众的科协工作体系奠定了坚实基础。以"互联网+"促进组织变革,集成科协优势资源,提升网上群众工作能力。

特别是面对新冠疫情大考,科协组织迅速动员,用伟大抗疫精神凝聚科技抗疫力量。连续发布5封倡议,传递习近平总书记关爱嘱托,传达党中央决策部署,启动应急科普机制。191个全国学会、32个省级科协、3500个省级学会和1.5万个科技志愿服务组织、513万"科普中国"信息员迅速行动。及时落实中央领导同志对应急科普等工作的14次重要批示,推出新冠肺炎防控知识挂图下沉基层。357家科技馆开展"科学实验挑战赛",万余件参赛作品线上展示创意,全网覆盖量近5亿。"科普中国"平台及时上线最新科研进展和防控知识,浏览量超过133亿人次,以"科学辟谣平台"阻击"疫情谣言"。中国数字科技馆"空中课堂"等科普资源总传播量达22.5亿。中国心理卫生协会、中国心理学会等积极行动,向社会提供心理援助服务。应疫情之变打造服务决策的动员机制,3万余场各类学术会议汇聚各领域科技工作者智慧,形成169项相关规范指南和专业建议,抗疫和复工复产专刊调动科技工作者积极建言献策。联合中宣部等提出加强应急科普宣教工作的意见,推动形成平战结合的科普协同联动长效机制。

坚持开放、信任、团结的理念,共建人类卫生健康共同体。组织167个全国学会与254个对口国际科技组织建立信息分享机制,在第16届世界公共卫生大会开设中国专场卫星会,积极深化科技抗疫国际合作,推动 200 多种期刊迅速向世界卫生组织提交授权书参与 COVID-19 数据库建设。中欧科技创新合作发展论坛推动双方企业、科研机构共同支持科学有序复工复产,为中欧关系发展大局注入新内涵。在这场同疫情的较量中,广大科技工作者以强大的使命担当接力科学家精神火炬,与伟大抗疫精神交相辉映,谱写了爱国奋斗的新篇章。

五年来,我们深刻体会到,做好科协工作的根本在于坚持以习近平新时代中国特色社会主义思想为指导,必须始终毫不动摇坚持党的领导,把做到"两个维护"作为政治引领首要,团结科技工作者坚定不移听党话跟党走,夯实党执政治国的群众基础。必须牢牢把握中央关于群团改革的正确方向,保持和增强政治性、先进性、群众性,强化目标导向和问题导向,坚持系统观念,把握群团发展规律,不断构建联系广泛、服务群众的工作体系。必须坚持围绕中心、服务大局,不断提高政治判断力、政治领悟力、政治执行力,勇于担当、善于担当。必须发挥科技工作者主体作用,服务科技工作者创新创造和价值实现。

过去五年的改革创新奠定了科协事业面向未来的坚实基础。立足新发展阶段,我们清醒地认识到,对标中央要求和科技工作者期待,科协二作仍存在许多短板。团结引领科技工作者的能力有待进一步加强。拓展联系服务广度深度、聚焦政治引领主责的能力有待进一步提升。围绕党和国家工作大局,推动创新发展的空间仍需进一步拓展。深化改革创新,建设中国特色世界一流科协组织仍需不懈努力。我们必须以更加锐意进取的精神,攻坚克难、久久为功,努力跑出科协事业发展加速度,展现党领导下人民团体的新作为。

各位代表、同志们!

党的创新理论是科协事业永葆生机活力的源泉和基础。党的十八大以来,习近平总书记对党的群团工作和群团改革作出一系列重要论述,为群团事业发展指方向、定方针、交任务、提要求。我们要深刻领会习近平总书记重要指示精神,在党的群团工作大局中不断增强使命担当。一是在指导思想上,要深入学习贯彻习近平新时代中国特色社会主义思想,在学懂弄通做实上下功夫,不断增强对党的基本理论、基本路线、基本方略的政治认同、思想认同、情感认同。二是在方向道路上,要毫不动摇坚持党的领导,坚定不移走中国特色社会主义群团发展道路,增强"四个意识"、坚定"四个自信"、做到"两个维护",始终在政治立场、政治方向、政治原则、政治道路上同党中央保持高度一致。三是在地位作用上,要牢记群团事业是党的事业的重要组成部分,群团组织是党联系人民群众的桥梁和纽带,必须从巩固党在科技界执政基础的政治高度抓好科协工作,使科协组织成为推动科技自立自强、建设科技强国的重要力量,成为推进国家治理体系和治理能力现代化的重要力量。四是在政治责任上,要加强思想政治引领,聚焦主责,自觉承担起团结引领科技工作者听党话跟党走的政治任务,把科技工作者最广泛最紧密地团结在党的周围。五是在根本要求上,要深刻把握加强和改进新形势下党的群团工作,最重要的是保持和增强政治性、先进性、群众性,深刻认识政治性是科协组织的灵魂,先进性是科协工作的重要着力点,群众性是科协组织的根本特点。六是在时代主题上,要牢牢把握为实现中华民族伟大复兴而奋斗的时代主题,把围绕中心、服务大局作为工作主线,致力于充分发挥人才第一资源作用,组织动员广大科技工作者在全面建设社会主义现代化国家新征程中建功立业。七是在工作导向上,要坚持以人民为中心的发展思想,把联系和服务科技工作者作为科协工作生命线,走好网上群众路线,积极为科技工作者排忧解难,不断增强他们的获得感。八是在群团改革上,要坚持问题导向,克服"机关化、行政化、贵族化、娱乐化"倾向,健全联系广泛、服务科技工作者的工作体系,树立大抓基层的鲜明导向,把科协组织建设得更加充满活力、更加坚强有力。九是在敢于斗争上,要自觉成为在群众中、在基层凝聚人心,坚守前哨、冲锋陷阵的战斗队工作队,高举旗帜、巩固阵地、争取人心,对模糊认识进行引导,对错误言论进行驳斥,坚决抵制各种错误思潮侵袭。十是在队伍建设上,要培养高素质专业化群团干部队伍,不断改进完善符合科技群团组织特点的干部管理方式,防止形式主义、官僚主义,加强对干部教育管理监督,不断增强做群众工作的本领。

各位代表、同志们!

我们已站在向第二个百年奋斗目标进军的历史起点。世界面临百年未有之大变局、进入动荡变革期,国际力量对比发生深刻调整,引发全球治理体系新变革,人类命运共同体理念深入人心。我国已转向高质量发展阶段,人民对美好生活的向往对科技创新和国家治理体系和治理能力现代化提出新的更高要求。党中央准确把握国际形势和我国发展的新特征新要求,确立了加快构建以国内大循环为主体、国内国际双循环相互促进的新发展格局的战略部署,把创新摆在我国现代化建设全局的核心地位,把科技自立自强作为国家发展的战略支撑,开启了全面建设社会主义现代化国家的新征程。我们要从历史和现实、理论和实践的角度,全面把握新发展阶段,团结科技工作者投身构建新发展格局这一系统性、深层次变革中,主动作为、善于作为,不断作出科协组织围绕中心、服务大局的新贡献。

胸怀"两个大局",拓展科协组织服务构建人类命运共同体的战略空间。新一轮科技革命和产业变革方兴未艾,不断拓宽全球科技治理的新空间,直接引发国际科技创新格局的重塑。我们要充分估量全球化的新趋势新挑战,把科技支撑新发展格局摆在突出位置,主动接入全球创新网络,在参与全球治理中有更大作为。要把握科技经济社会融合、产学研深度协同的时代走势,坚持开放、信任、团结,携手国际科技界共同应对人类社会发展的重大挑战,增进互信、合作,维护负责任的大国形象,通过民间科技交流通道的不断拓展,架起中国科技界服务构建人类命运共同体的桥梁。

服务新发展格局,谱写科技群团现代化发展新篇章。构建新发展格局是我国面向新发展阶段的主动布局与战略选择,是推动高质量发展的关键先手棋。统筹国内国际两个市场两种资源,提高在全球配置资源能力,重塑新竞争优势,产学研协同创新、开放融合创新、跨国合作创新成为常态。现代化科技类社会组织扮演着催化、桥接技术、资本、人才等要素,促进其高效配置和充分流动的重要角色,是推动跨国创新网络快速迭代、现代产业体系全球范围重构的载体和平台,在连接政府与市场、推动科技经济融合中发挥重要作用。科协组织要响应党中央号召,强化服务"国之大者"的使命担当,顺应科技工作者期盼,坚定勇于自我变革的底气和决心,以时不我待的紧迫感,努力向更高水平的现代化组织迈进,更紧密地把广大科技工作者团结起来,在创新创造中建功立业。

未来五年的工作建议

科协事业发展的根基在于坚持以习近平新时代中国特色社会主义思想为指引,始终保持党领导下人民团体的政治本色,活力在于始终围绕党和国家事业发展大局,以科技工作者为中心,与时俱进地确立工作重心,动力在于顺应世界科技发展大势,坚持不懈深化改革、扩大开放。未来五年,立足新发展阶段,贯彻新发展理念,科协组织必须不断提高政治判断力、政治领悟力、政治执行力,以更加广阔的视野、更强有力的历史担当,团结科技工作者主动融入构建新发展格局的历史进程中。

着力涵养自立自强。加快科技自立自强是支撑新发展格局、培育新形势下我国参与国际合作和竞争新优势的关键,要弘扬科学家精神,涵养优良学风,团结引导科技工作者坚定创新自信,坚持"四个面向",打好关键核心技术攻坚战,不断拓展科技创新的深度和广度,充分发挥科技自立自强的战略支撑作用,以自主创新铸就国家现代化航船的钢筋铁骨。

着力推动创新发展。充分发挥创新引领发展的第一动力作用,释放人才第一资源的强大活力。要把增强人民群众科学素质作为科技自立自强的基础工程,涵养科技创新的文化沃土,推动人的全面发展和社会全面进步。推动人才培养理念变革,以完善科技创新体制机制包容激励创新创造,激活社会组织网络,塑造科技创新良好氛围,为科技强国提供不竭动力。

着力推进协同治理。围绕服务国家治理体系和治理能力现代化,着力推动科协系统改革向纵深拓展、向基层延伸,以党建带群建增强基层组织活力和参与社会治理的能力。提高运用现代科技工具提升治理水平的能力,增强机遇意识和风险意识,树立底线思维,把组织优势、创新优势有效转化为服务高质量发展优势,加快建设与现代化相适应的科技治理体系,占领未来竞争制高点。

着力拓展开放融合。把握时代融合发展大势,服务实施更大范围、更宽领域、更深层次对外开放。要促进学科交叉融合、科学技术与工程融合、科技与经济社会融合,以汇聚创新资源推动更多的科学中心、创新高地、人才枢纽和治理中心建设,积极参与全球创新治理。保持和拓展科技与人才交流合作战略通道,增进相互理解、信任与合作,为构建人类命运共同体提供科技支撑。

第一,坚定理想信念,团结汇聚建设现代化国家的科技力量

全面建设社会主义现代化国家的号角已经吹响。科协组织要自觉把党和人民的期待和呼唤,当作科技进步和创新的时代强音,坚定主心骨、汇聚正能量、振奋精气神,发挥桥梁纽带作用,团结引领广大科技工作者心怀大我、报国为民,奋力开启新发展阶段科技自立自强新征程。

高擎精神火炬。牢固树立"四个意识"、坚定"四个自信"、做到"两个维护",始终以习近平新时代中国特色社会主义思想武装头脑、指导行动。大力弘扬科学家精神,激励科技工作者牢记报国为民的光荣使命,奋力创新创造,坚定不移地听党话跟党走,始终在国家现代化征程中走在前列。

砥砺优良学风。坚持激浊扬清,抓住学风建设不放松,引导科技工作者行为世范,带头践行社会主义核心价值观,甘为人梯、奖掖后学,托举青年人才健康成长。扩大学风传承行动覆盖。坚守科学伦理和学术道德,推动科技界作风学风实质性改观。

广泛凝心聚力。提升对习近平新时代中国特色社会主义思想的传播转化能力,创造理论阐释精品,丰富理论学习内容,推进理论创新,形成成果品牌。扩大科协系统党校覆盖。强化与港澳台地区科技人文交流合作,服务海峡两岸暨港澳科技工作者人心相通、协同创新。坚持内外宣相结合,拓展与在华工作外国专家联系渠道,活跃开放创新沙龙平台,增强对海外科技人才的感召力。

坚定创新自信。引导科技工作者坚持"四个面向",以敢为人先的勇气进军科技创新"无人区",不断拓展科技创新的广度和深度,努力为世界科技发展和人类文明进步作出中国科技界的贡献。

第二,坚持汇智聚力,建设支撑国家治理体系和治理能力现代化的科协创新智库

"谋先事则昌,事先谋则亡"。服务构建新发展格局,必须有识变之智、应变之策、求变之勇。要充分发挥科协系统智力密集优势，坚持以研为用，服务"国之大者"。遵循创新发展规律、科技管理规律、人才成长规律，集智动员做精"智汇中国"品牌，打造科协特色的国家高端科技创新智库，更好地服务党和政府科学决策。

彰显跨界集智优势。突出学会主体力量，强化对科技发展重大问题的前瞻研判能力。拓展高校智库合作，聚集跨学科协同研究力量和人才队伍，打造服务国家科技治理的高水平研究网络。协同会地资源，服务国家区域战略，提升区域共建智库的战略站位。

坚持人才驱动。增强对优势学科和领军人才的吸引力组织力，以科学家、战略专家为依托力量，跨界建立和完善多层次的科技信息专家制度，凝聚战略领军人才，培养青年智库人才，吸纳国际专家队伍，促进创新思想碰撞交流，打造科协系统智库创新团队，构建核心竞争力。

接入全球智库网络。以开放、系统、联结、融合的思维和方法，集全球智慧解发展难题，建立与国际知名科技智库的交流合作机制。打造资源共享、方法互鉴、优势互补、互联互通的"智汇中国"平台。

第三，坚持学会主体，建设中国特色世界一流科技社团

学会是科协事业的主体，是联系服务科技工作者的重要纽带。要以改革创新精神推进中国特色世界一流科技社团建设，繁荣学术交流、跨界汇聚思想、促进开放合作、涵养创新生态，共建积极参与全球科技发展与治理的科技共同体。

面向强国建设，打造一流学会。坚持党建强会、依章治会、学术立会、人才兴会,推动学会组织扩大边界融合发展,依照有关规定有序发展港澳台会员和外籍会员,设立对外联系服务机构、境外分支(代表)机构,建立与对口国际、国别科技组织的常态化交流合作机制。构建引领未来的学术前瞻研判体系,强化全球性创新议题创设能力,引领科技发展方向。

推进一流期刊建设"百年大计"。推动开放科学,持续深入实施中国科技期刊卓越行动计划,全力推进数字化、专业化、集团化、国际化办刊。建立具有国际水平的数字出版服务平台,推广临床案例成果数据库等开放知识库,促进科研论文和科技信息汇聚共享,为科技自立自强和经济社会高质量发展提供坚实支撑。构建立足中国、面向世界的科技期刊自主评价体系,推进中外科技期刊同质等效。

优化学会内部治理。突出发展个人会员,构建分级分类的会员管理服务体系,强化对青年科技工作者、企业科技工作者、非公领域科技工作者、高校学生等吸纳联系。推进党委政治把关、理事会决策、监事会监督、办事机构执行、分支机构协同的中国科技社团治理体系,扩大理事会中基层一线和中青年人员比例,打造运转高效、规范有序的实体化办事机构。

第四,坚持科技为民,构建高质量科普服务体系

现代化的根本在人的现代化,科普是建设现代化强国的基础支撑。要把快速增强亿万人民的科学文化素质作为科技自立自强的基础工程,协调推进《全民科学素质行动规划纲要(2021—2035年)》实施,坚持以人民为中心,突出科普价值引领,大力弘扬科学精神,做优做强"科普中国"品牌,搭建各类科普工作平台,建立科普工作与组织建设融通贯通机制,加强科普队伍建设,深化科普供给侧改革,抓好科技馆体系和基层阵地建设,服务和融入新发展格局,提升社会文明程度,厚植现代化国家的人才基础。

协同化推进科技资源科普化。积极构建党政支持、市场和社会力量等多方参与联合协同的工作格局。推动在国家科技计划、科技奖项评定中列入科普工作指标。建立健全应急科普协调联动机制,培育应急科普专家队伍。推动高校、科研院所、企业等把科普工作纳入科技人员考评体系,扶持科普科幻创作人才成长,丰富科普产品供给。

信息化升级科普服务质量。秉持创新、提升、协同、普惠的理念,构建层次丰富、良性循环、持续发展的科普生态,持续打造科学权威、开放融合、互动共享的"科普中国"品牌。加大科学教育资源向革命老区、民族地区、边疆地区、脱贫地区、农村地区倾斜力度。创新科普服务提供机制与方式,打造引人入胜的网络视频、电视广播节目、游戏、动漫、图书等科普精品。

国际化实现科普开放提升。积极倡导和参与国际通用的标准化公民科学素质测评指标体系研究制定,发起建立相关国际组织,搭建科普领域全球化、综合性、高层次的交流合作平台。定期举办世界公众科学素质促进大会,深化与"一带一路"沿线国家科普机构的交流合作,借鉴国际有益经验,发挥科普对推动构建人类命运共同体的重要作用。

着力推进科普基础设施建设。打造高质量发展的新时代中国特色现代科技馆体系,建设科学家精神培育基地、前沿科技体验基地、公共安全健康教育基地和科学教育资源汇集平台。推动科技类场馆、文化类场馆、科学文化领域社会组织和研究机构跨界合作与融合发展。推动高校、科研院所、科技型企业和科普场馆等面向公众开放,促进跨区域科普资源共建共享。

建设面向未来的青年科技英才队伍。遵循青少年人才成长规律,深化竞赛遴选等制度改革,将科学精神培育和科学方法养成贯穿于人才发现、培养全过程。鼓励科技工作者积极参与产业职业科普教育,夯实中国制造的人才基础。深化科技创新后备人才培养的理念、方式、内容、师资保障机制等改革,建立校内外科学教育资源有效衔接的机制,营造有利于培育具备科学家潜质青少年的良好生态。

实施科技助力乡村振兴工程。开展科技助力乡村振兴定点帮扶,巩固拓展脱贫攻坚成果同乡村振兴有效衔接。动员科技组织、广大科技工作者参与科技助力乡村振兴工作,积极开展乡村振兴特色人才培训、特色产业技术推广等帮扶活动。开展科协系统对口援藏援疆工作,支持西藏、新疆开展科技培训、科技交流、科普活动。

第五,坚持创新创造,打造促进产学研融合的协同创新平台

进一步发挥科协组织在促进科技经济融合中的协同枢纽作用,搭建有效平台,激励科技工作者创新创造,投身现代化经济体系建设,把论文写在祖国大地上。通过不断提升"科创中国"品牌的服务效能和社会影响力,汇聚创新主体和创新资源,营造融通生态,健全纵横无界、节点有序的创新网络。

丰富发展创新主体紧密联系新机制。以推动产学研深度融合为着力点,围绕产业链创新链的协同发展,扩大"科创中国"城市、园区覆盖面,强化学会科技服务团的科技供给能力,围绕一线创新需求"揭榜挂帅",开展供需对接,服务企业技术创新和现代化经济体系建设。

创造跨界融合的组织新形态。联合政府部门、科研机构、企业、金融机构等,建设专业性、区域性新型产学研协同组织,畅通科技资源下沉渠道。支持京津冀、长三角、粤港澳大湾区、成渝双城、东北老工业基地等地区建立区域协同机制或合作平台,构建推进产学研深度融合的创新联合体,推动各领域机构跨界联合,培育新的经济增长点。

打造链接创新要素的服务新平台。优化国家公共技术服务与交易平台,丰富标准和制度体系,促进平台规范化、可持续发展,汇聚海内外创新资源和企业需求,促进各类机构入驻并在线对接、精准匹配。

营造协同创新创造新生态。构建产业枢纽城市网络,畅通跨境产业技术交流渠道,建立面向全球的国际技术交易促进协作机制,促进技术所有者、技术需求者、技术服务者和资本拥有者共同营造良好市场环境,助力提升产业链供应链现代化水平。

第六,坚持群众路线,建设富有情感温度的科技工作者之家

紧紧围绕强"三性"深化科协工作体制机制改革,拓展联系服务渠道,建设网上科协,增强科协基层组织发展活力和动力,不断完善联系广泛、服务科技工作者的科协工作体系。

擦亮服务品牌,壮大网上"科技工作者之家"。全面加强网上服务能力,纵向打通各级科协组织和学会学术团体,横向拓展跨界协同网络,对外连接国际组织,打造跨越性、无边界的网上"科技工作者之家"。持续打造"科普中国"、"科创中国"、"智汇中国"平台,全面建设事业之家、组织之家、精神之家、服务之家,以品牌凝聚人才、以服务温暖人心、以价值引领人才,为科技工作者创新创造搭建广阔舞台。

赋能基层组织,巩固基层基础。持续强化对基层、一线的优质资源下沉,着力扩大对高校、企业(园区)、乡镇(街道)以及"两新"组织的工作覆盖和组织覆盖,推动科协基层组织建立党的组织。拓宽"三长"工作覆盖面,广泛吸纳基层模范人物、致富能手、创业带头人、先进志愿者等优秀人才,推动科协资源与新时代文明实践中心、基层党群服务中心深度融合,深入开展科技志愿服务等活动,为提高基层治理能力注入强大科技动能。

激发科技人才创新创造内在动力。发挥好全国创新争先奖等品牌奖项的激励引导作用和世界青年科学家峰会等学术平台的引才聚才作用,持续加大对青年科技人才的支持。完善"科情在线"平台,努力建成广泛覆盖科技工作者的双向交流平台。

第七,坚持开放发展,积极参与全球创新治理

畅通服务新发展格局的战略通道,发挥社会组织广泛联系渠道作用,主动作为、善于作为,有效搭建科学家交流思想、分享知识的平台,促进各国相互理解和信任,弥合文化鸿沟,扎紧团结信任的纽带。

倡导开放、信任、团结的理念。"物之不齐,物之情也"。

文明因互鉴而丰富、因交流而多彩。我们要以海纳百川的胸怀，大力倡导科技为民的理念，推动各国科技界共同在坚守科学真理和道义中展示"以德服人"价值共同体、"以理服人"学术共同体的责任担当，携手推进人类卫生健康共同体、人与自然生命共同体建设，让科技文明交流互鉴、基于信任团结的高水平合作成为应对人类共同挑战的有力武器，为服务构建人类命运共同体作出切实贡献。

打造服务新发展格局的合作枢纽。以开放创新不断拓展海外科技交流渠道，不断释放"组织+"的合作优势，以会兴业、以业聚才、以才引才。提升科协组织学术交流等联系平台的国际影响力和海外传播力。探索与欧盟、美国、日本、英国等技术合作新机制，加强各类产业创新协同机制或合作平台建设，在气候变化、人口健康、碳达峰、碳中和、青年人才合作等方面积极作为，推动跨国合作研发、共同探索，建立立足国情、面向全球的开放创新体系。

深度参与全球创新治理。深化与国际科技组织的合作关系，与"一带一路"沿线国家建立友好联系，支持我国科技社团发起成立国际科技组织，吸引国际科技组织总部落户中国，加大科学家在国际科技组织任职的组织保障和履职服务力度，加强国际组织人才培养和多边科技治理能力建设，参与国际技术标准研制和认证，扩大国际科技界"朋友圈"，织密民间科技人文交流网络。

第八，坚持党对科协工作的全面领导，建设朝气蓬勃的人民团体

坚持党的领导，是中国特色群团事业蓬勃发展的根本保证。我们要始终把保持和增强政治性、先进性、群众性作为事业发展的基点,不断破解社会组织党建难题,建设让党中央放心、科技工作者满意、人民群众认可的中国特色社会主义科技群团。

旗帜鲜明讲政治。坚持把党的政治建设摆在首位,深化"大党建"工作格局,紧紧围绕党的中心工作部署推进科协事业发展的重点工作,不断强化政治引领和政治机关建设,形成"一体两翼"系统推进政治建设的保障体系。

建设高素质干部队伍。充分发挥党组理论学习中心组示范带头作用,强化青年理论学习,增强干部与时俱进坚持原则、谋划工作本领。坚持党管干部原则,树立重实干重实绩的鲜明用人导向,让想干事、肯干事、能干成事的干部更有用武之地。

持之以恒正风肃纪。深入贯彻落实中央八项规定及其实施细则精神,持续纠正"四风",力戒形式主义、官僚主义顽瘴痼疾。坚定不移深化政治巡视,发挥巡视标本兼治的战略作用。加强警示教育、纪律教育,提高广大党员干部遵规守纪意识。完善监督执纪问责工作体系,持续深入推进反腐败斗争,一体推进不敢腐不能腐不想腐,积极营造全身谋事、干事创业的文化氛围。

防范化解重大风险。完善研判和应对意识形态风险机制,在大是大非面前立场坚定、旗帜鲜明。强化意识形态阵地意识、学会主体意识、领导干部责任意识,全面提升处置科技危机事件的工作能力。健全重大风险预判与防控机制,加强对热点问题和突发事件的引导处置。

各位代表、同志们！

百年大潮风云激荡，党领导科技工作者绘就了爱国奋斗的历史华章。新的百年，实现中华民族的伟大复兴，期待着科技工作者以更加丰硕的创新创造成果，报效国家、服务人民，书写新时代的无上荣光。周虽旧邦，其命维新。新征程上，科协组织必将以昂扬奋进的姿态最广泛地凝聚广大科技工作者，更加紧密地团结在以习近平同志为核心的党中央周围，众心向党、自立自强，向着实现第二个百年奋斗目标的宏伟蓝图不断前进！

中国科学技术协会第十次全国代表大会关于第九届全国委员会工作报告的决议

（2021 年 5 月 30 日中国科学技术
协会第十次全国代表大会通过）

中国科学技术协会第十次全国代表大会认真审议了万钢主席代表第九届全国委员会所作题为《贯彻新发展理念　服务新发展格局　团结引领广大科技工作者为全面建设社会主义现代化国家而努力奋斗》的工作报告，认为工作报告对过去五年的工作总结实事求是，对形势的分析深入透彻，对今后五年的工作建议切实可行，决定：通过第九届全国委员会工作报告。

中国科学技术协会章程

（中国科学技术协会第十次全国代表大会
部分修改，2021年5月30日通过）

第一章　总　　则

第一条　中国科学技术协会是中国科学技术工作者的群众组织，是中国共产党领导下的人民团体，是党和政府联系科学技术工作者的桥梁和纽带，是国家推动科学技术事业发展、建设世界科技强国的重要力量。

第二条　中国科学技术协会坚持以下宗旨：

高举中国特色社会主义伟大旗帜，坚持以马克思列宁主义、毛泽东思想、邓小平理论、"三个代表"重要思想、科学发展观、习近平新时代中国特色社会主义思想为指导，增强"四个意识"、坚定"四个自信"、做到"两个维护"，按照"五位一体"总体布局和"四个全面"战略布局，坚持科学技术是第一生产力，坚持把创新作为引领发展的第一动力，把人才作为支撑发展的第一资源，坚持面向世界科技前沿、面向经济主战场、面向国家重大需求、面向人民生命健康，充分发挥作为国家创新体系重要组成部分的作用。

牢牢把握增强政治性、先进性、群众性要求,建设开放型、枢纽型、平台型科协组织,坚持为科技工作者服务、为创新驱动发展服务、为提高全民科学素质服务、为党和政府科学决策服务,促进科学技术的繁荣和发展,促进科学技术的普及和推广,促进科技人才的成长和提高,促进科技智库作用的发挥和彰显。坚持面向世界、面向未来,增进对国际科技界的开放、信任、合作,为推动构建人类命运共同体作出更大贡献。

坚定不移走中国特色社会主义群团发展道路,最广泛地把广大科技工作者团结凝聚在党的周围,自觉履行高水平科技自立自强的使命担当,为全面建设社会主义现代化国家、实现中华民族伟大复兴的中国梦而努力奋斗。

第三条 中国科学技术协会由全国学会、协会、研究会(以下学会、协会、研究会简称学会),地方科学技术协会及基层组织组成。

地方科学技术协会由同级学会和下一级科学技术协会及基层组织组成。

第四条 中国科学技术协会党组发挥领导作用,把方向、管大局、保落实,加强对业务工作和党的建设的领导,确保党的理论和路线方针政策的贯彻落实。

第五条 中国科学技术协会倡导尊重劳动、尊重知识、尊重人才、尊重创造的风尚,弘扬科学家精神,坚持独立自主、民主办会的原则和"百花齐放、百家争鸣"的方针,依法依章程开展工作。

第六条 中国科学技术协会高举爱国主义旗帜,加强与香港特别行政区、澳门特别行政区和台湾地区的科学技术交流,维护民族团结,促进祖国统一。

第七条 每年 5 月 30 日为"全国科技工作者日"。

第二章 任 务

第八条 引导科技工作者学习贯彻习近平新时代中国特色社会主义思想,宣传党的路线方针政策,密切联系科技工作者,反映科技工作者的建议、意见和诉求,维护科技工作者的合法权益,建设有温度、可信赖的科技工作者之家。

第九条 开展学术交流,活跃学术思想,倡导学术民主,优化学术环境,促进学科发展,协同组织推进世界一流科技期刊培育建设,推进国家创新体系建设。

第十条 组织科技工作者开展科技创新,开展科技志愿服务,参与科学论证和咨询服务,坚定创新自信,着力攻克关键核心技术,加快科学技术成果转化应用,助力创新发展,促进科技创新与经济社会发展深度融合。

第十一条 弘扬科学精神,普及科学知识,推广先进技术,传播科学思想,倡导科学方法,捍卫科学尊严,提高全民科学素质。

第十二条 健全科学共同体的自律功能,推动建立和完善科学研究诚信监督机制,促进科学道德建设,加强科技伦理建设,涵养优良学风,宣传优秀科技工作者,培育科学文化,践行社会主义核心价值观。

第十三条 组织科技工作者参与国家科技战略、规划、布局、政策、法律法规的研究、咨询和制定,参与国家事务的政治协商、科学决策、民主监督工作,建设中国特色高端科技创新智库。

第十四条 组织学会有序承接科技评估、工程技术领域职业资格认定、技术标准研制、国家科技奖励推荐等政府委托工作或转移职能。支持地方科学技术协会承接政府的科技类公共服务职能。

第十五条 注重激发青少年科技兴趣,推进科技人才队伍建设,造就更多国际一流的科技领军人才和创新团队,培养具有国际竞争力的青年科技人才后备军。表彰奖励优秀科技工作者,举荐科技人才。

第十六条 开展民间国际科学技术交流活动,促进国际科学技术合作,支持学会等加入国际科技组织,推动设立国际科技组织或分支机构,参与国际科技事务和全球科技治理。加强中国工程师联合体建设,扩大与国际工程师组织合作。支持科技工作者在国际科技组织和重大国际科技议程中发挥积极作用。发展同国(境)外科学技术团体和科技工作者的友好交往,为国际科技组织和海外科技人才来华交流合作、创新创业提供服务。

第十七条 兴办符合中国科学技术协会宗旨的社会公益性事业。

第三章 会 员

第十八条 中国科学技术协会实行团体会员制。

学会和基层组织,符合条件的,经批准可成为同级科学技术协会的团体会员。

学会和基层组织发展个人会员。支持学会发展港澳台和外籍会员,吸纳港澳台和外籍科学家在学会任职。

第十九条　会员的权利和义务:

团体会员可推选代表参加科学技术协会代表大会,享有选举权、被选举权和监督权;参加科学技术协会的活动,对科学技术协会的工作提出建议和批评并进行监督。

团体会员须遵守本章程,接受科学技术协会的领导,执行科学技术协会的决议和决定,开展符合本章程规定的各项活动,承担科学技术协会委托的工作任务。

个人会员的权利和义务由学会和基层组织章程规定。

第四章　全国领导机构

第二十条　全国代表大会和它选举产生的全国委员会是中国科学技术协会全国领导机构。

全国代表大会常务委员会是全国代表大会的常设机构。

第二十一条　全国代表大会每五年举行一次,由全国委员会召集。特殊情况下,可以提前或延期举行。

第二十二条　全国代表大会的代表名额和选举办法由常务委员会决定,其代表经全国学会和省、自治区、直辖市科学技术协会及有关方面民主协商,选举产生,实行任期制。

第二十三条　全国代表大会行使下列职权:

一、决定中国科学技术协会的工作方针和任务;

二、审议和批准全国委员会的工作报告;

三、制定和修改中国科学技术协会章程；

四、选举产生全国委员会；

五、决定其他重大事项。

第二十四条 全国委员会会议每年举行一次，由常务委员会召集。

第二十五条 全国委员会行使下列职权：

一、执行全国代表大会的决议；

二、选举主席、副主席和常务委员会委员；

三、审议中国科学技术协会年度工作报告；

四、决定授予荣誉职务；

五、决定其他重大事项。

第二十六条 全国委员会闭会期间，常务委员会领导中国科学技术协会的工作，实施全国委员会确定的任务，批准全国委员会委员的变更、增补或撤销，会员的接纳、退出或处理；决定常务委员会委员、全国委员会副主席的调整，并提交全国委员会会议批准。

常务委员会会议一般每半年举行一次，由主席召集，也可由主席委托副主席召集。

第二十七条 常务委员会下设书记处。书记处由第一书记和书记若干人组成，人选由主席提名，经常务委员会通过。书记处在常务委员会领导下主持中国科学技术协会的日常工作。

第二十八条 常务委员会设置若干工作委员会和专门委员会，协助审议需经常务委员会审定的有关事项。

第二十九条 常务委员会根据需要，聘请成就卓著的科学家为中国科学技术协会顾问。

第三十条 全国委员会委员和常务委员会委员应珍惜荣誉,遵守纪律,认真履职。全国委员会委员连续两次无故缺席全国委员会会议,没有正常履职的,一般应辞去全国委员会委员职务;常务委员会委员三次无故缺席常务委员会会议,没有正常履职的,一般应辞去常务委员会委员职务。

因为严重违纪受到查处或受到刑事处罚的,撤销委员职务,同时终止全国代表大会代表资格。

第五章　全国学会

第三十一条 本章程所称全国学会是按自然科学、技术科学、工程技术及相关科学的学科领域组建或以促进科学技术发展和普及为宗旨的社会团体。

第三十二条 加入中国科学技术协会的全国学会须满足以下基本条件:

一、承认并遵守中国科学技术协会章程;

二、按照社会团体登记管理规定依法登记;

三、学会负责人应在相关领域有重要影响,个人会员达到1000名以上;

四、有健全的党组织,能正常开展党的工作;

五、经常开展国内外学术交流活动,具有较强的服务科技创新、决策咨询和科学技术普及能力,编辑出版科学技术或科学普及刊物,原则上应设有科学技术奖项;

六、有实体办事机构、固定办公场所和专职工作人员。

第三十三条　符合本章程第三十二条规定的全国学会，向中国科学技术协会提出申请，经常务委员会批准，即为中国科学技术协会的团体会员。

第三十四条　加入中国科学技术协会的全国学会接受中国科学技术协会的领导，执行中国科学技术协会的决议，承担并完成中国科学技术协会委托的任务，选举代表参加中国科学技术协会全国代表大会。

全国学会退出中国科学技术协会，须经中国科学技术协会常务委员会批准。

第三十五条　全国学会会员代表大会每四至五年举行一次，决定学会的工作方针和任务，审议和批准学会理事会的工作报告和财务报告，制定、修改学会章程，选举新的理事会、监事会。

全国学会办事机构在理事会领导下开展工作。

第三十六条　全国学会可根据学科发展需要组建学会联合体，有条件的学会联合体应设立党的工作机构。学会联合体为非法人社团组织，其成立或解散须经中国科学技术协会常务委员会批准。

第三十七条　全国学会有下列情形之一的，经中国科学技术协会批准，给予限期整改、警告、撤销团体会员资格等处理：

一、履职不力、组织涣散的，责令限期整改；

二、限期整改后仍无明显改进的，经批准，给予警告；

三、违反国家法律法规，或严重违反中国科学技术协会章程，造成严重不良后果的，经常务委员会批准，撤销团体会员资格。

第六章　地方科学技术协会

第三十八条　本章程所称地方科学技术协会指省（自治区、直辖市）科学技术协会，市（地、州、盟）科学技术协会和县（市、区、旗）科学技术协会。地方科学技术协会是中国科学技术协会的地方组织，是地方同级党委领导下的人民团体。

第三十九条　地方科学技术协会一般应设立党组。地方科学技术协会应在同级党委领导和上级科学技术协会指导下，结合本地实际履行职责，定期向同级党委和上一级科学技术协会报告工作。

省级以下（含省级）学会接受同级科学技术协会领导，业务上受相应的上级学会指导。

第四十条　地方科学技术协会执行中国科学技术协会的章程和决议，推选代表参加上级科学技术协会代表大会。

第四十一条　地方各级科学技术协会代表大会和它选举产生的地方科学技术协会委员会是地方科学技术协会的领导机构，每届任期五年。市（县）级及以下科学技术协会应注重吸纳教育、医疗卫生、农业技术推广等领域的机构负责人进入领导机构。

地方科学技术协会代表大会每五年举行一次，决定本地区科学技术协会的工作方针和任务，审议地方科学技术协会委员会的工作报告，选举地方科学技术协会委员会。上一级科学技术协会负责人一般应到会指导。

地方科学技术协会委员会会议每年举行一次，由同级科学技术协会常务委员会召集。

地方科学技术协会委员会闭会期间，由地方科学技术协会常务委员会领导地方科学技术协会工作。

地方科学技术协会常务委员会会议一般每半年举行一次，由主席召集，也可由主席委托副主席召集。

地方科学技术协会主席、副主席选举结果应报上一级科学技术协会备案。

第七章　基层组织

第四十二条　中国科学技术协会的基层组织，在本单位同级党组织的领导和地方科学技术协会的指导下，依照本章程开展活动。

科技工作者集中的高等学校、科研院所、医院、企业、园区等单位，经党组织隶属关系所在地的科学技术协会审批，可以建立科学技术协会（科学技术普及协会）等基层组织。

乡镇（街道）、村（社区）可以建立科学技术协会（科学技术普及协会、农村专业技术协会）等基层组织。

第四十三条　中国科学技术协会和地方科学技术协会可依规模和影响发展符合条件的基层组织作为团体会员。

第四十四条　基层组织应立足自身特点，动员和组织科技工作者开展学术交流，普及科学技术，推广实用技术，助力创新驱动，服务大众创业、万众创新，发挥在社会治理中的作用。

第四十五条　基层组织应大力发展个人会员，及时准确反映基层科技工作者的建议、意见和诉求，建好科技工作者之家、广交科技工作者之友。

第八章　工作人员

第四十六条　各级科学技术协会按照信念坚定、为民服务、勤政务实、敢于担当、清正廉洁的标准,加强对工作人员的管理,建设一支忠诚干净担当的高素质、专业化干部队伍。

第四十七条　各级科学技术协会工作人员应热爱科学技术协会的事业,牢固树立为科技工作者服务的思想,持续改进工作作风,深入实际和基层,密切联系和真诚服务科技工作者,不断提高政策水平、专业技能和社会服务能力。

第四十八条　各级科学技术协会要加强对工作人员的培养和教育,有计划有组织地开展培训工作,提高工作人员的政治和业务素质。

第四十九条　各级科学技术协会及所属团体工作人员应自觉加强纪律和道德约束,共同维护科学技术协会作为科技工作者之家的良好形象,不得肆意贬损诋毁。如有违犯者,视情节轻重给予处理。

第九章　经费及资产管理

第五十条　经费来源:

一、财政拨款;

二、资助;

三、捐赠;

四、会费；

五、企事业收入；

六、其他收入。

第五十一条 建立学术交流、科学技术普及、人才举荐和奖励等专项基金。

第五十二条 建立常务委员会领导下的民主理财管理体制。

第五十三条 各级科学技术协会的经费、资产及国家和地方拨给科学技术协会的不动产受法律保护，任何单位和个人不得侵占、挪用和任意调拨；各级科学技术协会所属企业、事业单位的资产隶属关系不得随意改变。

第十章 会 徽

第五十四条 中国科学技术协会会徽由古天象仪、航天器、齿轮、麦穗、蛇杖以及中文和英文标出的中国科学技术协会名称组成。

第五十五条 中国科学技术协会会徽可在办公地点、活动场所、会议会场悬挂，在出版物上印制，也可制作成徽章佩戴。

第十一章 附 则

第五十六条

中国科学技术协会简称中国科协。

中国科学技术协会会址设在北京。

中国科学技术协会的英文全称是 CHINA ASSOCIATION FOR SCIENCE AND TECHNOLOGY,缩写为 CAST。

科学技术工作者简称科技工作者。

第五十七条 全国委员会依照本章程制定《全国学会组织通则》。

第五十八条 全国学会依据有关社会团体登记管理规定、本章程制定学会章程。

地方科学技术协会可根据本章程制定实施细则。

第五十九条 本章程解释权属中国科学技术协会。

第六十条 本章程经中国科学技术协会全国代表大会通过实施。

中国科学技术协会第十次全国代表大会关于《中国科学技术协会章程》的决议

（2021 年 5 月 30 日中国科学技术协会
第十次全国代表大会通过）

中国科学技术协会第十次全国代表大会审议并同意第九届全国委员会提请审议的《中国科学技术协会章程（修改草案）》，自通过之日起生效。

中国科学技术协会
事业发展"十四五"规划
（2021—2025 年）

（2021 年 5 月 30 日中国科学技术协会
第十次全国代表大会通过）

目　　录

7. 建设"科技工作者之家"服务平台

四、 实施科技经济融合行动

    8. 构建创新枢纽试点城市网络

    9. 建立完善产学研协同组织网络体系

    10. 组织开展创新创业创造活动

    11. 实施科技助力乡村振兴工程

    12. 建设"科创中国"服务平台

五、 构筑学术交流新高地

    13. 实施一流科技期刊建设工程

    14. 实施一流学会创建工程

    15. 实施学术交流引领引导专项行动

    16. 构建国际科技交流合作平台

六、 推动科普服务高质量发展

    17. 实施科技资源科普化助力工程

    18. 实施科普规范化建设工程

    19. 实施平战结合科普能力提升工程

    20. 实施科普基础设施工程

    21. 实施科普队伍建设工程

    22. 实施科技教育能力提升工程

    23. 建设完善"科普中国"服务平台

七、 加强科技群团高端智库建设

    24. 加强重大战略决策咨询研究

    25. 加强科技群团发展战略研究

    26. 构建完善柔性科技智库网络体系

    27. 建设"智汇中国"服务平台

以习近平新时代中国特色社会主义思想为指导,根据《中华人民共和国国民经济和社会发展第十四个五年规划和2035年远景目标纲要》《国家中长期科学和技术发展规划(2021—2035年)》,依据《中国科学技术协会章程》《面向建设世界科技强国的中国科协规划纲要》,编制本规划。本规划主要明确全国科协系统的重点任务,是各级科协组织及所属学会的行动指南,是制定年度工作计划的依据。

一、开创新发展阶段科协事业新局面

"十三五"时期科协事业发展取得重大成就。五年来,各级科协组织及所属学会不断保持和增强政治性、先进性、群众性,深化系统改革,对科技工作者的吸引力凝聚力进一步增强。坚持把团结引领广大科技工作者作为主责,弘扬科学家精神,加强创新文化生态建设,科协组织在党和政府联系科技工作者中的桥梁和纽带作用进一步发挥,"科技工作者之家"建设线上线下系统联动推进。坚持把学术交流作为"立家之本",在推动世界一流科技期刊和世界一流学会建设、促进科技创新能力提升、服务科技经济融合发展等方面迈出新步伐。坚持把科学普及作为"看家之本",推动实施全民科学素质行动计划,我国公民具备科学素质的比例由2015年的6.20%提高到2020年的10.56%,为经济社会发展奠定坚实基础。坚持把决策咨询作为"强家之本",发挥科技群团特色柔性智库优势,服务党和政府科学决策、回应重大社会关切等取得新成效。坚持把对外民间科技交流合作作为重要任务,积极参与全球科技治理,开展"一带一路"民间交流,服务国家外交大局、对港澳台工作取得新成绩。

科技创新是百年未有之大变局的关键变量。立足新发展阶段、贯彻新发展理念、构建新发展格局、推动高质量发展,迫切要求科协组织充分发挥人才第一资源的作用,充分发挥党和政府联系科技工作者的桥梁和纽带作用,充分发挥推动科技事业发展、建设世界科技强国重要力量的作用。对标新发展阶段赋予的使命,科协组织还存在较大差距。主要是:联系广泛、服务科技工作者的科协工作体系尚未健全,组织覆盖不到不全、基层"最后一公里"不畅;科技类社会化公共服务供给质量水平不高,不能很好满足党和政府、科技工作者以及社会的需求;网上服务、精准服务、泛在服务的能力不强。

构建新发展格局最本质特征是实现高水平的自立自强。"十四五"时期是开启全面建设社会主义现代化国家新征程、向第二个百年奋斗目标进军的第一个五年。科协组织必须站在新的更高起点上,找准新定位、塑造新优势、展现新作为,团结引领广大科技工作者把思想和行动统一到习近平总书记重要讲话精神上来,把智慧和力量凝聚到落实党中央关于科技自立自强的决策部署上来,面向世界科技前沿、面向经济主战场、面向国家重大需求、面向人民生命健康,积极投身关键核心技术攻坚战,争当科技自立自强的排头兵,努力在新征程上勇立新功。这要求科协组织在深化系统改革向纵深发展、向基层延伸,建立健全联系广泛、服务科技工作者的科协工作体系上取得新进展,在团结引领科技工作者、弘扬科学家精神、营造良好科学文化氛围、促进人才成长上取得新实效,在推动学术交流、科学普及、决策咨询等科技类社会化公共服务高质量供给上迈上新台阶,在促进高水平对外民间科技人文交流合作、推动构建人类命运共同体上取得新突破,开创科协服务高水平科技自立自强的新局面。

二、指导思想和发展目标

（一）指导思想

坚持以习近平新时代中国特色社会主义思想为指导,深入贯彻落实党的十九大和十九届二中、三中、四中、五中全会精神,增强"四个意识"、坚定"四个自信"、做到"两个维护",坚定不移走中国特色社会主义群团发展道路,履行党和政府联系科技工作者桥梁和纽带的职责,立足新发展阶段、贯彻新发展理念、构建新发展格局、推动高质量发展,切实增强政治性、先进性、群众性,以改革创新、合作发展为动力,健全联系广泛、服务科技工作者的科协工作体系,建设有温度、可信赖的科技工作者之家,切实为科技工作者服务、为创新驱动发展服务、为提高全民科学素质服务、为党和政府科学决策服务,弘扬科学家精神,涵养优良学风,面向世界、面向未来,增进对国际科技界的开放、信任、合作,以高水平的科技自立自强为建设科技强国、全面建设社会主义现代化国家、推动构建人类命运共同体、实现中华民族伟大复兴的中国梦作出更大贡献。

（二）基本原则

——坚持党的领导,聚焦靶心。着力加强党的领导和党的建设,着力强化思想政治引领,充分发挥桥梁和纽带作用,把广大科技工作者紧密团结在党的周围,为建设科技强国、实现高水平科技自立自强建功立业。

——坚持围绕中心,服务大局。紧扣党和国家中心工作,心怀"国之大者",坚持科技工作者为本,充分激发科技工作者创新活力、实现创新价值,肩负起时代赋予的重任。

——坚持自立自强,开放融合。坚持把创新摆在核心地位,切实增强科技工作者创新自信,坚持高水平开放合作、融合发展,着力营造开放创新生态,积极参与全球科技治理。

——坚持系统集成,高效协同。坚持目标引领、任务牵动、大联合大协作,兴组织、建机制、强功能、增实效,建设更加充满活力、坚强有力、各级科协组织及所属学会"一盘棋"的组织体系。

——坚持守正创新,深化改革。遵循科技群团发展规律,适应新形势新要求,党建带群建,创新科协组织设置,建强工作阵地,丰富活动载体,推动科协系统改革向纵深发展、向基层延伸。

(三)发展目标

总体目标:

到 2025 年,科协组织作为党和政府联系科技工作者桥梁和纽带的作用进一步凸显,联系广泛、服务科技工作者的科协工作体系建设取得显著成效,科技类社会化公共服务产品供给能力显著提升,团结引领科技工作者创新创业创造的能力显著增强。

具体目标：

——科协组织思想政治引领能力进一步增强。党的路线方针政策在科技界得到全面贯彻落实，服务高水平科技自立自强格局基本形成，科技工作者创新自信进一步增强、创新激情进一步迸发，科学道德和学风建设取得明显成效。

——服务科技经济融合成效显著。"科创中国"服务能力进一步提升，产学研协同组织体系进一步完善，科技工作者服务现代产业体系构建和推动高质量发展的作用进一步发挥。

——世界一流科技期刊和一流学会建设取得新进展。跻身世界一流阵营的科技期刊数量明显增加，中外科技期刊同质等效、分类评价的学术成果评价机制进一步完善，学会治理结构进一步优化、服务水平质量进一步提升，学术交流服务科技创新的能力进一步提高。

——促进全民科学文化素质提高取得新突破。以人民为中心，普惠共享、规范发展的高质量科普服务体系进一步完善，"科普中国"品牌影响力、组织动员力和基层服务能力显著提升，我国公民具备科学素质比例超过15%。

——服务党和政府科学决策能力显著提升。服务国家战略决策咨询能力显著提升，柔性科技智库网络体系建设取得新进展，科协组织发展理论和战略的研究能力明显提升，"智汇中国"服务能力进一步提高。

——对外民间科技人文交流开拓新局面。对外民间交流合作渠道进一步拓宽，我国科技界"朋友圈"进一步扩大，参与全球科技治理的广度深度进一步拓展，推动构建人类命运

84

共同体能力显著提升。

——科协系统全面深化改革取得实质进展。科协组织基层基础进一步夯实、服务手臂进一步接长,学会服务能力进一步提升,网上科协生态体系进一步形成、数字化水平进一步提高,联系服务科技工作者的渠道进一步拓宽、覆盖面进一步扩大,对科技工作者的凝聚力进一步增强。

三、强化思想政治引领

着力强化思想政治引领,着力服务党和国家工作大局,着力深化群团改革,着力加强党的领导和党的建设,增强科技工作者对党的基本理论、基本路线、基本方略的政治认同、思想认同、情感认同,坚定不移听党话、跟党走,胸怀祖国,勇攀高峰,把论文写在祖国大地上,筑牢党在科技界执政之基。

1. 全面宣传贯彻党的路线方针政策。全面深入学习宣传贯彻习近平新时代中国特色社会主义思想,坚持党建与业务同谋划、同部署、同推进、同考核,大力宣传党的路线方针政策。完善科协系统党校建设,面向科技领军人才、青年科技骨干、海外科技人才、广大基层科技工作者,以及科技群团干部,开展研修、培训、调训、轮训等教育培训。实施党建强会计划,积极探索党建引领和促进科协组织特别是学会创新发展的新途径新模式,发挥科协基层党组织的战斗堡垒作用和党员的先锋模范作用。

2. 弘扬科学精神和科学家精神。开展"自立自强、创新争先"行动,开展创新争先奖、杰出工程师奖等评选奖励活动,大力弘扬科学家精神,激励和引导广大科技工作者争做重大科研成果的创造者、建设科技强国的奉献者、崇高思想品格的践行者、良好社会风尚的引领者。开展科学道德和学风建设宣讲等活动,传承优良学风,崇尚学术民主,倡导批判性思维,坚守诚信底线,严守科技伦理规范和学术道德,反对浮夸浮躁、投机取巧,反对"圈子"文化。发挥科技社团自律自净作用,营造风清气正的科研环境。积极参与实施知识更新工程、技能提升行动,开展企业"创新达人"宣讲活动,树立典范,激发技术技能人员的创新创造活力。建设中国科学家博物馆,开展老科学家学术成长资料采集工程、科学大师名校宣传工程、最美科技工作者学习宣传等活动,推动建设一批科学家精神教育基地,在全社会形成尊重劳动、尊重知识、尊重人才、尊重创造的风尚。

3. 支持科技工作者参与国家和社会治理。组织科技工作者参与国家科技战略、规划、政策、法律法规的咨询,参与国家重大政策、重大决策等咨询工作,及时反映科技工作者的意见建议。搭建科学家与党政领导干部交流平台,持续打造"中国科技会堂论坛"品牌。充分发挥科技工作者在维护科技安全以及利用高新技术防范化解重大风险方面的作用。支持人大代表和政协委员中的科技工作者参与政治协商、参政议政、民主监督。

4. 维护科技工作者权利和权益。创新完善科技工作者状况调查机制,延伸基层调查触角,充分了解科技工作者的所思所想所盼。深入持续开展"我为科技工作者办实事"活动,及时了解和推动解决科技工作者职业发展中最关心、最直接、最现实的重大问题,积极为科技工作者办实事解难事,推动建立让科技工作者把主要精力放在业务上的保障机制和政策措施的落实。推动各级科协组织及所属学会加强对科技工作者的维权服务,完善服务机制。

5. 开展科协奖励提升行动。建立完善科协系统系列奖项,以创新价值、能力、贡献为导向,加强对战略科技人才、科技领军人才、青年科技人才和高水平创新团队等褒奖力度。各级科协组织及所属学会依法积极有序开展科技表彰奖励活动,提升奖励活动质量水平。广泛开展获奖创新人才、创新团队典型事迹宣传,激发广大科技工作者的创新热情。

6. 实施科技人才托举工程。以创新能力、质量、实效、贡献为导向,推动建立健全科协系统评价体系,充分发挥青年人才托举工程作用,加大对青年人才成长的支持力度,支持探索创新青年科技人才选拔培养机制,资助有基础有潜质的基层一线优秀青年科技工作者,激励更多劳动者特别是青年人技能成才、技能报国。完善科协组织推荐(提名)两院院士候选人工作机制。

7. 建设“科技工作者之家”服务平台。秉承“科协在身边”宗旨,通过“活动建家、组织强家、服务暖家、精神润家”,建立完善动态科技人才数据库,广泛开展线上线下融合互动的建家活动,建设完善“永不落幕、永不打烊、永远服务”的网上科技工作者精神家园。开展“全国科技工作者日”活动,宣传优秀科技工作者,展现科技工作者风采。

四、实施科技经济融合行动

组织动员广大科技工作者围绕国家产业链供应链自主可控重大战略部署,依托"科创中国"服务平台,构建产学研融合创新联合体,解难题、促转移、促转化、助创业、增实效,增进各类创新资源协同互动,为加快创新链产业链融合、建设现代产业体系、推动高质量发展作出贡献。

8. 构建创新枢纽试点城市网络。围绕区域重大战略、区域协调发展战略等国家部署要求,开展试点城市(园区)建设,形成一批产业聚集程度高、带动力强的创新枢纽城市。聚焦重点产业领域,发挥枢纽城市龙头企业出题者作用,对接跨界科技资源,形成区域发展的核心动力。分区域、分行业、分类别开展特色模式示范推广,形成辐射带动。开展科研仪器、生产设备的共享服务,促进资源共享。

9. 建立完善产学研协同组织网络体系。推动建立以企业为主体的产学研融合创新联合体和共性技术供给体系,形成全产业链创新枢纽,增强共性技术供给,提高科技成果转移转化成效。推动省市两级加强科技经济融合,建立完善区域合作网络。全国学会探索建设一批高端智库、专业评估等机构,开展面向市场的专业服务。推动组建跨界、跨学科、跨领域专业科技服务团,促进技术扩散。全国学会、地方科协、高校科协、企业科协等发挥技术转移转化信息沟通的纽带作用,促进产学研金服用融合。推动建立技术经理人联合组织,培育技术服务与交易专业人才。

10. 组织开展创新创业创造活动。组织开展创新创业大赛,办好年度全国大众创业万众创新活动周和"创响中国"系列活动,举办创新创业成果交易活动,展示最新创新创业成果,推介优秀创业团队。持续开展双创示范基地年度评估。依托国家科技传播中心,组织开展前沿成果、科技信息、科学文化等发布、传播和交流活动,促进科技成果转移转化。组织开展知识产权保护服务行动,促进知识产权快速向现实生产力转化。

11. 实施科技助力乡村振兴工程。开展科技助力乡村振兴定点帮扶,巩固拓展脱贫攻坚成果同乡村振兴有效衔接。动员科技组织、广大科技工作者参与科技助力乡村振兴工作,积极开展乡村振兴特色人才培训、特色产业技术服务等帮扶活动。组织开展专题研讨,推动解决乡村振兴科技难题。开展科协系统对口援藏援疆工作,支持西藏、新疆开展科技培训、科技交流、科普活动。

12. 建设"科创中国"服务平台。秉承"让企业插上创新翅膀"宗旨,打造要素集成、开放融通的国家公共技术服务与交易平台,建设运营"问题库""项目库""开源库",推动政产学研金服用等创新要素精准对接,构建具有科协组织特色的创新生态系统。推出"科创中国"先导技术、引领人物、新锐企业、产学融通组织系列榜单,集中推介、转移转化技术成果,打造产业技术创新的风向标。支持有条件的地方政府设立技术交易服务中心。

五、构筑学术交流新高地

把建设世界一流科技期刊和世界一流学会作为科协深化改革的重点,建立健全有利于激发创新的学术同行评价机制和重大科学问题凝练机制,建立科技为民、把论文写在祖国大地上的激励机制,夯实支撑国家战略科技力量、实现高水平科技自立自强的基础。

13. 实施一流科技期刊建设工程。实施中国科技期刊卓越行动计划,支持领军期刊建设和优秀梯队培育,建设具有国际竞争力的高水平刊群。推广临床案例成果数据库等开放共享知识库,推动科研仪器、工程技术领域案例库建设,支撑人才分类评价。分领域发布科技期刊分级目录,完善全面、客观反映期刊水平的评价标准,推进中外科技期刊同质等效应用。建立具有国际水平的数字出版服务平台,促进科研论文和科学数据汇聚共享。探索建立国家科技期刊中心,为我国一流期刊建设提供服务支撑。

14. 实施一流学会创建工程。坚持党建强会、依章治会、学术立会、人才兴会,深化治理改革,强化分类指导,深入推进中国特色、世界一流学会建设。完善以会员为中心的联系服务机制,不断扩大对科技领军人才、青年科技骨干、海外科技人才和广大基层科技工作者的引领吸纳,积极为他们办实事解难事。支持学会"引进来",依照有关规定发展港澳台和外籍会员,探索吸纳港澳台及海外科学家在学会任职。面向产业和区域拓展团体标准制定、科技成果评审、专业技术人员水平评价、科研机构评估、国际知名奖项举荐等社会化公共服务领域。围绕前沿技术、颠覆性技术、战略性新兴产业、关键共性技术等领域,推动建立学会、学科、产业协同机制或合作平台,推动联合协作和交叉融合。

15.实施学术交流引领引导专项行动。围绕加强原创性、引领性科技攻关,组织开展基础研究领域发展研讨交流,服务打赢关键核心技术攻坚战。围绕最紧急、最急迫的关键核心技术和前沿领域,组织开展学术交流,推动建立有效合作机制。面向世界科技前沿,遴选发布重大科学问题、工程技术难题和产业发展问题,开展学科发展研究。面向国家重大需求,紧扣"卡脖子"技术领域,组织开展高层研讨和沙龙,汇聚推动开放合作与解决"卡脖子"问题的智慧。面向经济主战场,开展产学融合系列论坛,组织研究产业与技术发展路线图,助力破解科技创新转化为生产力的问题难题。面向人民生命健康,聚焦重大民生问题,开展学术研讨交流,促进卫生健康公共服务水平提高。

16.构建国际科技交流合作平台。举办中国科协年会,支持开展世界科技与发展论坛、世界数字经济论坛、世界新能源汽车大会、世界青年科学家峰会等高端交流活动,围绕人类面临的共同挑战创设议题,凝聚科技共同体发展共识。支持全国学会举办专业性高端学术会议,推动学术交流活动方式创新。

六、推动科普服务高质量发展

协调推进《全民科学素质行动规划纲要(2021—2035

年)》实施,以"科普中国"品牌为引领,搭建各类科普工作平台,建立科普工作与组织建设融通贯通机制,加强科普队伍建设,深化科普供给侧改革,抓好科技馆体系和基层阵地建设,构建品牌、平台、机制、队伍、改革、阵地六位一体的高质量科普服务体系。

17. 实施科技资源科普化助力工程。促进科学与文化艺术融合,创新科普表达和传播方式,增强科普作品的传播力和实效性。制定实施加强学会科普工作的意见,着力推动提升学会科普能力,支持全国学会突出学科领域特色和组织优势,推动学会依法设立科普奖项,建设科普教育基地,以院士、知名科学家命名科普和科学传播专家工作室,践行科技志愿服务精神,开展品牌科普活动。发挥公众科学素质促进联合机制作用,激发高校、科研院所、企业、社会团体等社会多元主体的科普服务活力。推动将学术资源转化为科普资源,加强科技成果的信息披露和传播。举办科幻大会,建设国家级科幻电影科学顾问库,推动成立全国科幻科普电影放映协同机制,促进科幻发展生态建设。办好中国(芜湖)科普产业博览交易会,举办科普产品交流交易展示活动。

18. 实施科普规范化建设工程。制定"十四五"科普服务标准修订指南,制定实施科普服务标准化工作指导意见,促进构建包括国家标准、行业标准、地方标准、团体标准和企业标准的多维标准体系。鼓励全国学会和地方科协研究制定科普相关服务标准。建设科普中国"百人会"智库平台,打造具有权威影响力的科普研究共同体。加强科普理论研究,完善适应新发展阶段要求的科学素质测评体系。

19.实施平战结合科普能力提升工程。推进国家科普中心建设,建立应急科普专家委员会,协同构建国家级应急科普宣教平台,加强应急科普资源生产和传播。构建省域统筹政策和机制、市域构建资源集散中心、县域组织落实,以新时代文明实践中心(所、站)、党群服务中心、社区服务中心(站)等为阵地,以志愿服务为重要手段的基层科普服务体系。实施全国科普示范县(市、区)创建活动。深化全域科普工作试点。加强科普服务乡村振兴,深入实施基层科普行动计划,广泛开展农村科普活动,集聚科普资源和服务向农村倾斜。打造全国科普日活动大平台,开展科技活动周、防灾减灾日、食品安全宣传周、全国低碳日等主题活动。

20.实施科普基础设施工程。打造高质量发展的新时代中国特色现代科技馆体系。建设科学家精神教育基地、前沿科技体验基地、公共安全健康教育基地和科学教育资源汇集平台。发起成立科技文化馆联合体,促进馆际展教资源共建共享。推进符合条件的科技馆免费开放,加大对市、县等基层科技馆免费支持力度。促进跨区域科普资源共建共享。深入开展全国科普教育基地创建活动,推动高校、科研院所、企业等的科普场馆面向公众开放。各级科协依托社区综合服务设施、社区服务中心(站)、社区书苑、社区大学等加强科普设施建设,拓展科普服务功能。

21.实施科普队伍建设工程。推动建立科普人才评价标准,加强科普场馆、科普基地、科技出版、新媒体科普、科普研究等领域专职科普人才队伍建设,完善培训使用与评价激励机制。鼓励企业、科研机构、高校设立科普岗位。推动科技教师和科技辅导员队伍建设。加强科普人才培养课程、教材和学科建设，推动设立科普专业，推动高端科普人才培养。加强科技志愿者队伍建设，充分发挥包括老科技工作者在内的科技志愿者作用。

22. 实施科技教育能力提升工程。激发青少年科学兴趣，呵护青少年科学好奇心，深化青少年科技竞赛改革，创新提升青少年科技创新大赛、高校科学营、中学生"英才计划"等活动品质。开展校内外融合青少年科技教育活动，拓展青少年体验和参与科技创新实践的平台和渠道。加强科技创新后备人才成长规律研究。建设青少年科技创新服务云平台。

23. 建设完善"科普中国"服务平台。按照"品牌引领、内容为王、共建共享、培育生态"的工作理念，统筹推进内容库、专家库、团队库以及品牌、渠道、活动等建设。实施科普创作精品资助计划，将弘扬科学精神贯穿于科普服务全链条，加大科普原创精品创作力度。完善科学辟谣机制，及时还公众以科学真相。深入开展"典赞·科普中国"宣传推选活动，提升科普传播的品牌影响力。强化落地应用，发展壮大"科普中国"信息员队伍，探索利用"科普中国"服务云资源加强与地方融媒体中心建设相结合，促进科普资源共享和传播互惠。

七、加强科技群团高端智库建设

发挥科协组织科技共同体、学术专业、组织网络等独特优势，聚焦人才、组织、创新等政策研究，汇聚广大科技工作者群体智慧，为党和政府科学决策服务。

24.加强重大战略决策咨询研究。紧紧围绕中央决策部署，从科技创新、高水平自立自强等国家发展战略和科技治理重大问题中选题，开展战略咨询研究。紧紧围绕建设完善支持全面创新的基础制度，深入调查研究，提出推进科技体制改革、构建开放创新生态、激发各类人才创新活力等方面的政策建议。紧紧围绕强化国家战略科技力量，开展创新发展规律、科技管理规律、人才成长规律研究，为提升国家创新体系整体效能提供咨询建议。紧紧围绕科技发展带来的规则冲突、社会风险、伦理挑战，开展前瞻性研判，为推动完善相关法律法规、伦理审查规则及监管框架提供咨询建议。针对经济社会发展以及行业、区域发展的重大关键问题，研究提出决策咨询意见和解决方案。积极承接重大科技创新战略、政策、规划等咨询评估。加强重大战略研究成果汇聚交流、凝练转化、发布传播，提高为党和政府科学决策服务的质量水平。

25.加强科技群团发展战略研究。开展科协组织和科技社团的发展规律研究。加强科技群团发展史研究，充实科协会史馆。围绕科协组织主责主业，组织开展科技类社会化公共服务创新发展战略和对策研究。围绕科协系统深化改革、治理体系和治理能力现代化、深度参与全球科技治理中的战略理论和实践问题，开展对策研究，组织研讨交流。

26.构建完善柔性科技智库网络体系。建立决策咨询专家团队(学会联合体、研究院所、专家服务团)，组织动员具有较高学术造诣和决策咨询能力的专家，领衔凝练决策咨询议题、组织开展决策咨询活动、揭榜研究课题、参与第三方评估等。依托地方科协和学术机构建设一批区域决策咨询研究基地,围绕国家区域重大战略,由区位优势明显、决策咨询能力较强的地方科协牵头,建设跨区域的创新战略研究基地,为区域发展战略提供决策支撑。实施学会决策咨询资助计划,积极开展决策咨询活动,促进学术交流成果转化为决策咨询建议,打造学会决策咨询品牌。创新决策咨询项目管理方式,探索实行"揭榜挂帅""赛马"等制度。设置科学与技术,科技与经济、社会、文化、生态深入融合,以及促进科技创新、人才成长、应对经济社会发展重大挑战、社会可持续发展等相关议题,举办中国科技峰会系列活动。开展科技智库国际研讨交流,推动建设国际科技智库合作伙伴网络。

27. 建设"智汇中国"服务平台。秉承"集思汇智聚力,服务国之大者"宗旨,整合和协同智库战略研究资源,构建跨界集智、开放融合的柔性智库服务平台。建设完善选题库、数据库、专家库、成果库,形成具有科协特色的决策咨询信息共建共享、互联互通的开放共享智库生态,为科技群团决策咨询提供服务支撑,为科技群团决策咨询产品的发布和传播提供服务支撑。

八、开展高水平对外民间
科技人文交流合作

积极融入全球创新网络,支持我国科技界深度参与全球科技治理,贡献中国智慧,塑造科技向善的文化理念,让科技更好地增进人类福祉。拓宽对外民间交流合作渠道,扩大科技界"朋友圈",构建开放创新生态,推动构建人类命运共同体。

28. 积极参与全球科技事务。建设具有国际视野、通晓国际规则、高素质专业化的科协组织外事人才队伍。支持科技工作者、科技组织积极主动参与国际组织事务。支持推介科学家担任重要国际组织领导职务。支持在我国境内设立国际科技组织。发挥中国工程师联合体作用,拓展工程能力国际互认工作,重点推进与共建"一带一路"国家工程师资格国际互认。发挥中国科协联合国咨商地位作用,积极参与全球科技治理中的规则制定、议程设置、统筹协调以及治理改革,讲好科协组织在中国式民主中发挥的作用,为推动构建开放创新生态、维护科技伦理贡献中国力量和智慧。探索支持设立面向全球的科学研究基金,积极参与或牵头组织国际大科学计划和大科学工程。探索支持社会力量设立国际科技奖项,面向全球表彰对人类科技进步和交流合作作出重大贡献的人士。

29. 深入开展对外科技人文交流合作。推进构建多层次、多渠道科技交流合作体系。深化与主要创新型国家的重要对口组织的务实合作。深入推进与共建"一带一路"沿线国家科技人文交流合作,加强同发展中国家和周边国家睦邻友好关系,拓展合作领域和渠道。办好世界公众科学素质促进大会。宣传我国知识产权保护成就,积极参与知识产权国际规则和标准制定。推动深入实施"海智计划",促进海外人才来华创新创业。

30. 深化港澳台科技人文交流合作。推动内地与港澳台地区在科普、学术、智库、人才等领域深度交流合作,增进港澳台科技工作者和青少年对祖国的了解和认知。聚焦京津冀、长三角、粤港澳大湾区、成渝双城经济圈等重点区域,搭建多形式多渠道的产学研共享平台,促进海峡两岸暨港澳协同创新和经济社会融合发展。

九、全面深化科协系统改革

加强"十四五"科协系统深化改革顶层设计,聚焦主责主业,建立完善联系广泛、服务科技工作者的科协工作体系,不断增强政治性、先进性、群众性,推动改革向纵深发展、向基层延伸,使科协组织真正成为有温度、可信赖的科技工作者之家,筑牢科技界自立自强、团结奋进的共同思想基础。

31. 深入推进科协组织治理现代化。坚持和加强党的全面领导,切实增强科协组织的政治性、先进性、群众性。扩大对科技工作者的联系面和服务面,组织与业务匹配对应,需求和服务精准对接,建立完善"哪里有科技工作者,科协工作就做到哪里;哪里科技工作者集中,科协组织就建到哪里;哪里建立了科协组织,建家交友活动就开展到哪里"的组织布局。推动构建完善省域统筹、市域中心、县域重点的组织协同和联动机制,强化科协组织基层治理,强化跨区域、跨领域的协同合作。开展科协系统深化改革试点和示范,探索科协组织改革路径,总结推广成功经验模式。做好中国科协机关内设机构优化设置、职能细化配置工作,研究推进直属单位改革。

32. 切实增强对科技工作者凝聚力。坚持和加强对科技工作者的团结引领,切实增强归属感、认同感、获得感。遵循创新发展规律、科技管理规律、人才成长规律,加强对科技人才特别是青年人才培养成长机制研究,为科技人员在现代化建设中发挥作用营造良好氛围。建设科技工作者事业之家,通过人才举荐、学术交流、志愿服务、建言献策、国际合作等,搭建干事创业舞台,实现为国服务价值。建设科技工作者组织之家,构建以理服人的学术共同体、以德服人的价值共同体、以人为本的命运共同体,展现世界尊重的中国科技共同体和支撑构建人类命运共同体的新担当。建设科技工作者精神之家,弘扬科学精神和科学家精神,培植科学传统,倡导科学方法,建设科学文化,提升众心向党、自立自强、创新争先的精神感召力。建设科技工作者服务之家,拓展联系服务渠道,建设网上科协,推动数字赋能,为科技工作者学术成长和事业发展保驾护航。

33. 推动科协组织改革向基层延伸。坚持党建带群建,工作重心下移、资源下沉,接长手臂、夯实科协组织基层基础,扩大联系服务基层科技工作者的覆盖面。建立完善高校(科研院所)、企业(园区)、新经济组织、社会组织、新型研发机构中科协基层组织,增强科协组织联系服务基层科技工作者的覆盖面和到达率。建立完善城乡社区科普协会、科技志愿组织、企业科协、农技协、"科技小院"等组织载体,依托新时代文明实践中心和基层党群服务中心,发挥"三长"作用,增强科协组织服务"三农"、城镇社区居民的能力和实效。开展基层科协组织力建设试点,坚持立足基层、因地制宜、试点先行、经验推广的原则,建机制、强功能、增实效,把城乡社区和互联网建成坚强阵地,把力量和资源充实到基层科协,打通科协组织服务科技工作者和服务群众的"最后一公里"。

34.深化科技类社会化公共服务供给侧改革。坚持开放合作和高质量发展,紧扣时代脉搏,服务和融入新发展格局。建立完善中外科技期刊同质等效、分类评价的学术评价机制,使科技工作者的创新价值得以充分展现。深化学会改革,加强分类指导,创新组织载体,提升学会服务能力,建立完善现代化治理结构,促进学科(行业、领域)交叉融合,推动中国特色、世界一流学会建设。深化科普服务供给侧改革,发挥科普价值引领作用,推动科普内容、形式和手段等创新提升,充分调动社会力量广泛参与科普工作,引领广大科技工作者践行科技为民服务,促进科学文化建设,满足全社会高质量科普需求。

十、强化规划实施保障

坚持党的全面领导,健全规划实施保障机制,激发各级科协组织及所属学会、广大科技工作者的活力和创造力,凝聚共识,形成合力,确保规划实施取得实效。

35.全面加强党的领导和党的建设。坚决贯彻落实全面从严治党部署要求,以党的政治建设为统领抓好党的建设各项工作。把党的领导贯穿到规划实施的各领域和全过程,不断提高政治判断力、政治领悟力、政治执行力,建立完善上下贯通、落实有力的工作体系,确保党中央重大决策部署贯彻落实。激发全社会参与规划实施的积极性,最大限度凝聚广大科技工作者的智慧力量。建设高素质专业化科协和学会干部队伍,推进学会秘书处实体化、秘书长职业化等改革,建立健全科协系统教育培训体系,开展业务培训和实训锻炼,强化作风建设,提高各级科协组织及所属学会干部适应新时代新要求抓改革、促发展、保稳定的政治能力和专业化水平。

36.加强规划实施的组织领导。全国学会要在本规划的指引下,结合本学科、本行业、本领域特点,研究制定实施本学会事业发展规划,有序推动新发展阶段学会创新发展。各级科协要结合当地实际,研究制定实施本地区科协组织事业发展规划,做好与相关区域、行业发展规划的衔接,加强与相关部门的协同配合,积极争取把规划确定的重点任务纳入当地党委和政府的工作规划计划,统筹协调落实。

37.加强规划实施的条件保障。推动制定完善支持科协组织发展的法律法规和政策措施,加强规划实施与预算的衔接,鼓励支持兴办符合科协组织宗旨的社会公益性事业。充分发挥社会力量和市场机制的作用,探索建立科协事业发展多元供给的支撑保障机制。建立健全重大目标任务、重大项目、重大活动等牵引机制。推动落实鼓励科普事业发展的税收优惠等相关政策,完善科普经费投入保障机制。

38.加强规划实施的评估考核。开展对规划的解读和宣传。对规划目标和任务进行分解与分工,将规划具体任务相应落实在各级科协组织及所属学会的年度重点工作任务中。开展规划实施的监督检查,将规划实施情况纳入各级科协组织及所属学会的年度工作总结和考核,组织开展规划实施的中期评估、终期考核评估,将总结评估结果纳入工作绩效、干部评价考核。

中国科学技术协会第十次全国代表大会关于《中国科学技术协会事业发展"十四五"规划（2021—2025 年）》的决议

（2021 年 5 月 30 日中国科学技术协会
第十次全国代表大会通过）

中国科学技术协会第十次全国代表大会认真审议了《中国科学技术协会事业发展"十四五"规划（2021—2025 年）》，认为规划目标明确，重点任务突出，符合科协实际，决定予以通过。

中国科学技术协会第十次
全国代表大会闭幕词

（2021 年 5 月 30 日）

万　钢

各位代表，同志们、朋友们：

在党中央的亲切关怀下，在全体代表的共同努力下，中国科协第十次全国代表大会圆满完成了各项议程，即将落下帷幕。在会议期间，全体代表认真学习习近平总书记、李克强总理的重要讲话和王沪宁同志代表党中央致词的精神，以高度的政治责任感和优良的学风、作风、会风，面向未来谋划科协事业的高质量发展，凝心聚力共绘科协组织创新发展蓝图，使大会成为科协事业发展的又一重要里程碑。

这是一场政治动员的大会。全体代表深入学习领会习近平总书记等中央领导同志的重要讲话精神，更深刻地认识到，新一轮科技革命与产业变革深度演化给科协事业发展带来了机遇和挑战，更深入地理解创新在国家现代化建设中的核心地位，更真切地感受到实现高水平科技自立自强的重大使命，进一步增强了政治判断力、政治领悟力、政治执行力，必将激励全体代表和广大科技工作者增强"四个意识"、坚定"四个自信"、做到"两个维护",把思想和行动统一到习近平总书记重要讲话的精神上来,统一到党中央重大决策部署上来,心怀"国之大者",建功"十四五",奋进新征程。

这是一场组织动员的大会。大会经过充分的民主讨论,审议通过中国科协第九届全国委员会的工作报告、中国科协章程和中国科协事业发展的"十四五"规划,将过去五年科协组织深化改革的成功经验进一步凝练和固化,鲜明地提出了未来五年推动习近平新时代中国特色社会主义思想在科技界转化深化的政治建设方向和组织保障。各级科协组织要进一步聚焦靶心、突出重心,围绕中心、服务大局,充分发挥开放型、枢纽型、平台型组织优势,切实将我们的组织优势转化为服务国家现代化建设的新动能。

这是一场行动动员的大会。大会贯彻落实习近平总书记重要指示精神,动员科技工作者开展"自立自强 创新争先"的行动,倡导明理增信、崇德力行,从党的百年征程中感悟信仰的力量,筑牢信念信心;胸怀祖国、服务人民,当好科技自立自强的排头兵;创新创造、勇攀高峰,向科学技术的广度和深度进军;扎根大地、自觉奉献,把论文写在祖国的大地上;面向世界、开放合作,为构建人类命运共同体贡献智慧和力量,以实际行动为建党百年献礼。

各位代表、同志们!

过去的五年,中国科协在中央书记处的直接领导下,政治建设全面加强,服务科技工作者实现价值的舞台不断丰富,开放型、枢纽型、平台型组织特色更加鲜明,围绕中心、服务大局的能力显著增强,参与全球创新治理的视野更加开阔,为科协事业未来的发展奠定了坚实基础。科协系统改革提升了科协干部队伍的精气神,激发了科技工作者的新活力,展现了科协事业的新气象。改革经验凝聚了全体代表的共同智慧和心血,是科协组织面向未来传承创新的宝贵财富。在此,我谨代表中国科协十大全体代表,向九届全委会全体委员对科协事业发展所付出的辛勤努力、所作的卓越贡献致以崇高的敬意!向关心科协工作的广大科技工作者和社会各界人士表示衷心的感谢!

本届全委会选举我继续担任中国科协主席,衷心感谢与会代表的支持和信任,我将不负重托、不辱使命、认真履责,和新一届领导机构、本届常委会和全委会同心协力,坚持党的领导,全面加强委员队伍建设,着力提升整体素质和履职本领,担负新的使命,铸就新的光荣。衷心期待各位代表、各位委员、广大科技工作者继续关心、支持、帮助科协工作,为推动科协事业的高质量发展而不懈努力!

各位代表、同志们!

站在"两个一百年"奋斗目标的历史交汇点上,科协事业正面临着前所未有的发展机遇,同样也面临着前所未有的艰巨使命。中国科协第十届全国委员会将坚持以习近平新时代中国特色社会主义思想为指导,深入贯彻落实党的十九大和十九届二中、三中、四中、五中全会精神,认真学习贯彻习近平总书记重要讲话精神,最广泛地凝聚科技界的智慧和力量,为推动创新驱动发展、实现高水平科技自立自强作出新的贡献。

——进一步聚焦政治思想引领靶心,坚决担负起团结引领广大科技工作者听党话跟党走的政治任务。毫不动摇地坚持党对科协事业的全面领导,坚定不移地以习近平新时代中国特色社会主义思想武装头脑、指导实践。始终牢牢把握中央关于群团改革的正确方向,持续推进新发展阶段科技界的政治建设。聚焦保持和增强科协组织的政治性、先进性、群众性,认真履行党和政府联系科技工作者桥梁和纽带的职责,更广泛地把广大科技工作者团结在党的周围,牢记初心使命,弘扬科学家精神,涵养优良学风,不断夯实科技界团结奋斗的共同思想基础。

——进一步围绕中心、服务大局,激励广大科技工作者在"四个面向"中建功新发展格局。团结引领科技工作者紧紧围绕立足新发展阶段、贯彻新发展理念、构建新发展格局,坚持"四个面向",拓展科学技术的广度和深度。切实增强建设世界科技强国的必胜信念,自觉担负起第一动力和第一资源的使命,以不屈之心、不挠之志,抢占关键核心技术创新高地,坚定不移地把论文写在祖国大地上,努力实现高水平科技自立自强。深化科协系统改革,接长手臂、扎根基层,深入推进党建带群建,增强基层组织活力。坚持学会主体,打造一流期刊,建设中国特色的一流科技社团。

——进一步服务构建创新生态、激发创新活力,提升建家交友的能力。坚持为科技工作者服务,走好群众路线,打造联系广泛、有温度、可信赖的"科技工作者之家",有效提升科协组织凝聚力和战斗力。始终围绕着新发展格局的重大任务,以"科创中国"促进产学研融合,推进成果转化和创新创业,为高质量发展增添新动能。始终围绕着提高全民科学文化素质,以"科普中国"聚力打造国家科普服务的新平台,夯实现代化国家的公众科学素质基础。始终围绕着国家治理体系和治理能力现代化的中心任务,以"智汇中国"建设高端科技创新智库,不断地提升服务党和政府科学决策的能力。坚持面向世界、面向未来,增进对国际科技界的开放、信任与合作,为应对全球性挑战、推动构建人类命运共同体发挥更大的作用。

各位代表,同志们!

栉风沐雨来时路,劈波斩浪越百年。百年以来,广大科技工作者始终与党同心同德,共同谱写爱国奋斗、创新创造的历史华章。新的百年,众心向党、自立自强,科技界必将铸就新时代的辉煌。新征程上,让我们更加紧密地团结在以习近平同志为核心的党中央周围,凝心聚力、锐意进取,在新起点上进军世界科技强国,为全面建设社会主义现代化国家奋勇搏击,共同创造中华民族伟大复兴的光明前景!

感谢各位代表!

中国科学技术协会
第十次全国代表大会
代表名单

全国学会第一代表团（34人）

田　刚　郭良栋　杨春晖（女）　　　王守东　王　波

申金升　冯新斌　朱立新　仲佳勇　许琛琦　纪建伟

杨志明　肖冬梅（女）　　　张丽萍（女）

张　然（女）　　　武　强　林明森　欧阳竹　周伟奇

胡彩萍（女）　　　钟林生　种　康　娄智勇　姚檀栋

袁亚湘　顾红雅（女）　　　顾　瑛（女）　　　徐　涛

郭立新（女）　　　梁　旭　蒋澄宇（女）　　　景益鹏

焦　勇　翟天瑞

全国学会第二代表团（33人）

龚旗煌　薛勇彪　赵晓丽（女）　　　丁志峰

王秀杰（女）　　　方　忠　任宏利　刘光慧

刘鞲韬（女）　　　池　宏　孙　超（女）　　　李春红

杨晓光　沈　岩　张会平　张庆富　张　杰　张国友

张春华　陆日宇（朝鲜族）　　　陈天禄　陈发虎　陈晔光

罗洪刚　周素红(女)　　周　鹏　项延训　郝卫东
高吉喜　曹　荣　康　乐　雷荔傈(女)　　詹仁斌

全国学会第三代表团(29人)

郑晓静(女)　　　吴　季　郑素萍(女,壮族)　丁奎岭
王　凡　王　博　方　方　方岱宁　成升魁　刘建军
杨　越　何满潮　张　旭　张　闯　张德清　陈义华
底青云(女,回族)　宗兆云　胡蓉蓉(女)　　姜鲁光
秦　川(女)　　　徐建国　高　松　唐威华(女)
傅小兰(女)　　　詹祥江　戴兰宏　戴彧虹　魏辅文

全国学会第四代表团(37人)

舒印彪　王一然　冯慧华　王小云(女)　　　王小军
王应宽　王奇慧(女)　　包为民　朱美芳(女)
华　炜(女)　　　刘乃金　刘昌胜　苏日新(女)
李元元　李　洪　李晓刚　李静海　杨汉春　杨　伟
杨晓静(女,土家族)　　吴伟仁　张　辉　陆　超
陈伟明　陈维江　范文慧　金东寒　屈　强　赵方庆
胡海岩　徐建鸿　高鸿钧　高　福　黄路生　梅永丰
谭天伟　戴厚良

全国学会第五代表团(43人)

赵玉沛　唐旭东　田贵华(女)　　　王　刚　王　宇
王国辰　王　振　王　健　王　琳(女)
王　琛(女)　　　王景信　申　乐　仝小林　包大鹏

冯连世　成诗明（女）　　　朱海燕（女）

乔　杰（女）　　　刘　玲（女）　　　杜　青（女）

李国勤　李　萍（女）　　　沈　骥　张　丹（女）

张幼怡（女）　　　张抒扬（女）　　　张澍田（回族）

陈香美（女）　　　范永升　周德山　赵　颖（女）

侯　刚　姜永茂　贾振华　徐　军　郭伟华（女）

郭　姣（女）　　　曹　玮（女）　　　彭明强

曾　芳（女）　　　樊　嘉　薛华丹（女）　　　魏　伟

全国学会第六代表团（26人）

武向平　曹淑敏（女）　　　姜恩来　于小晗　王延祜

王红阳（女）　　　付巧妹（女）　　　乔　健（女）

向　巧（女,苗族）刘　峰　李　娜（女）　　　杨焕明

张福锁　陈十一　陈　丹（女）　　　陈　鹏　欧建成

季　林　周晋峰　孟至和　胡所亭　饶　权

徐　颖（女）　　　崔　鹏　韩喜球（女）　　　谢小勇

全国学会第七代表团（38人）

戴琼海　雷增光　马爱文　马福海　王进展　王新江
卢春房　冯晓娟（女）　　　兰晓莉（女）　　　朱国森
刘大可（女）　　　刘　英（女）　　　李红霞（女）
李　俏（女）　　　杨庆新　何华武　沈　清　张延川
张　彤（女）　　　张青松　陆大明　陆冬青　陈山枝
林　松　林忠钦　胡承森　胡勇胜　秦永明　秦继荣
高克立　高　翅　高瑞平（女）　　　黄　刚　曹春昱

彭木根　韩　毅　谢征宇(女)　　　臧兰兰(女,满族)

全国学会第八代表团(37人)

尤　政　徐晓兰(女)　　张　楠(女)　　于小虎
马　歆(女)　　　王飞跃　王元卓　王俊利　王　桓
王新蕊(女)　　　王耀南　伏广伟　任红军　刘学波
刘敦楠　刘　鹏　孙正运　李春明　余文科
邹　丽(女)　　　怀进鹏　张宝晨　张树林　张剑武
张　莉(女)　　　陈　英　陈海生　邵　薇(女)
罗　格　季向阳　赵巍胜　姜文波　贾金生　徐敏义
唐卫清　崔　鹏　覃小红(女)

全国学会第九代表团(32人)

项昌乐　贾明星　王宴滨　于明祥　于欣丽(女)
万　钢　王　芳(女)　　王时伟　尹　波　朱庆山
刘文杰　刘　诚　孙　乐　李　军　李炎军　李晓虎
沈　俊(女)　　　张广军　张进华　张劲泉
张　娟(女)　　　陈文涛　陈志强　陈　亮　周守为
郝立敏(女)　　　修　龙　聂　红(女)　　　晏志勇
徐德鸿　高焕芝(女)　　雷定演

全国学会第十代表团(30人)

侯　晓　赵　罡　徐梦珍(女)　　卞永明　方以坤
方宪法　吕昭平　刘正雷　刘兴平　刘　峰　汤鑫华
孙立宁　杨占峰　吴拥政　宋延林　宋超智　张荣桥

尚春明　庞　静(女)　　　胡　鹏　洪家光　姚俊臣

索　涛　唐　忠　黄光群　程晓丽(女)　　　谢剑平

樊　慧(女)　　　燕　琴(女)　　　魏山忠

全国学会第十一代表团(31人)

万建民　陈幸良　莫广刚　马　晶(女)　　　王克剑

邓秀新　白由路　刘世荣　江用文　许世卫　杨礼富

吴孔明　沈玉君(女,回族)　张志强　张英俊　张佳宝

张海林　陆宴辉　陈　军　陈剑平　周文彬

周学红(女)　　　胡义萍　勇　强　秦　伟

曹金珍(女)　　　崔利锋　商建英(女)　　　彭友良

谢潮添　廖森泰

全国学会第十二代表团(43人)

黄璐琦　黄　波　刘　霞(女)　　　丁丽霞(女)

于忠山　卫　彦(女)　　　马　超　马瑜婷(女)

王拥军　王　瑛(女)　　　王　韵(女)

卞　倩(女)　　　曲爱娟(女)　　　向雪松　刘存志

刘保延　刘章锁　池　慧(女)　　　孙咸泽　李文庆

李庆印(女)　　　李宗浩　李淑娟(女)

李葆华(女)　　　吴玉章　吴安华　吴欣娟(女)

吴　晶(女)　　　吴　慧(女)　　　何忠虎　张福仁

周平坤　周　洲　郑海荣(回族)　　　郝海平　胡志斌

徐延豪　高　远(女)　　　郭传瑸　黄志力

常翠青(女)　　　樊代明　潘美儿(女)

112

全国学会第十三代表团(29人)

　　穆荣平(回族)　　张知彬　张　帆　才大颖　王长林
　　王建华　牛东晓　石　勇(苗族)　　石　楠
　　朱　莎(女)　　刘军萍(女)　　孙小淳　孙晓洲
　　何鸣鸿　张亚雷　张晓玲(女)　　陈志刚　金灿荣
　　胡　洁　袁　利　夏方舟　夏　扬　黄　晶　崔恒建
　　梁小虹　谢　植　薛　澜　戴国强(蒙古族)　　魏均民

北京市科协代表团(41人)

　　刘德培　马　林　苏国民　于德明　王　立(女)
　　王旭东(满族)　　王志良　王建东　方维海　艾　渤
　　田法德　白　琳　司马红(女)　　任会东(满族)
　　刘建宾　刘嘉麒(满族)　　刘慧琳(女)　　许　炜
　　孙宝国　孙素芬(女)　　孙　毅(女)　　李久林
　　李海燕(女)　　宋　军　张　莹(女)　　张　琦
　　张　鹊　武发德　金光泽(朝鲜族)　　孟凡刚　胡　俊
　　聂建国　徐明波　徐　圆(女)　　唐俊杰(女)
　　陶　飞　黄　如(女,回族)　　黄绵松(回族)
　　董　虹(女)　　程大庆　程　静(女)

天津市科协代表团(28人)

　　陆为民　陈　军　周　明　于学凤(女)
　　王　敏(女)　　王　斌　白学军　冯景华　朱　涛
　　任　怡(女,满族)刘国旺　刘　霏　关　静(女)
　　李志华(女)　　张晓丹(女)　　张　磊　陈冠益

周瑞平　段玉环(女)　　　姜志云(女)　　　　贺维国
顾　清　常　津　蒋　寅(土家族)　雷　平　裴连军
薛永安　戴建良

河北省科协代表团(29人)
段惠军　刘纪雷　郭　毅　王义刚　王贵英(女)
王莉菲(女)　　　王智森　卢怀玉　刘秀玲(女,回族)
刘金铜　江志超(女)　　　安　娜(女)　　　孙增军
杨绍普　杨晓江　杨澜波　张德强　周　萍(女)
赵治海　赵　郡(女)　　　胡志富　骆德新
贾　伟(女)　　　高子阳　高英杰　郭素萍(女)
席照平　梁希才(满族)　　廖智慧(女)

山西省科协代表团(22人)
冯志君　温万一　张秀亲(女)　　　王　飞(女)
王天翔　王兴亮　方敬爱(女,朝鲜族)
孙　艳(女)　　　李迎春(女)　　　李照勇
肖艳红(女)　　　张　军　张京玲(女)　　　张俊平
陈　平　金智新(满族)　　周　然　柴志凯　常明昌
颉晓伟　程继堂　温俊卿(女)

内蒙古自治区科协代表团(20人)
麻　魁(蒙古族)　赵　吉　张　宇　于晓波(女)
田淑华(女)　　　白金香(女)　　　白树森(蒙古族)
吉日木图(蒙古族)　　　　　刘俊辰　李　平

114

李喜和　李筱贺　吴铁宏(蒙古族)　张建华　林镇南
周建涛(女,满族)　胡文鑫(满族)　俞海明
宫　箭(蒙古族)　塔　娜(女,蒙古族)

辽宁省科协代表团(36人)
　郭东明　张春英(女)　　　胡琨元　丁仁彧　于虎元
　于晓丽(女)　　　马忠威　王　博　巨海燕(女)
　左远鸿(女)　　　冯夏庭　朱蓓薇(女)
　齐　欣(女,回族)　祁兴顺　许彦平(满族)　孙小平
　孙东明　孙占祥(满族)　　李国君　李轶军　李颂华
　李静军　杨代刚　吴智丰(满族)　　张海珊(满族)
　赵建宇(女)　　　胡跃华(女,满族)　姜　妍(女,满族)
　姜周华　姜福茂　费建民　耿　爽(女)　　黄延强
　康　壮　梁辉南　鞠丽娜(女)

吉林省科协代表团(27人)
　林　天　贾　平　韩宇鸿(满族)　　于吉红(女)
　王贵满　冯守华　吕爱辉(女)　　　刘　宝　刘锝金
　许建国　孙彦鹏　李　冰(女)　　　李　晓　杨小牛
　杨华民　冷向阳　沙　森　宋俊玉(女)　　张明耀
　张海波(女)　　　金桂英(女,朝鲜族)
　查　敏(女)　　　钟　兴　秦彦国　高宏斌　梁荣罡
　董英山

黑龙江省科协代表团(29人)
　庞　达　张晓燕(女)　　　刘延刚　于春友

马玉杰(女)　　　尹训河　石国辉　白　卉(女,蒙古族)
吕智强　刘玉华(女)　　　刘　萱(女)
刘　微(女,回族)李占军　杨　谦　吴雪弘(女)
宋晓慧(女)　　　陈俊山　周　玉　赵弘韬　胥　军
贺玉斌　贺茂盛　徐　闯　殷敬伟　高会军
黄静姝(女)　　　康为民　彭　太　蔡宏伟(女)

上海市科协代表团(42人)

马兴发　陈　丽(女)　　　潘　祺(女)　　　王二涛
王　奕(女)　　　王　焱(女)　　　王寒梅(女)
卢万成　刘小玲(女)　　　刘如溪　刘新宇
关新平(满族)　孙　蕾(女)　　　李　申(女,回族)
李亚纯(女)　　　李党生
李　敏(女,上海交通大学医学院附属仁济医院)
李　敏(女,上海紫竹高新区(集团)有限公司)
连　珍(女,回族)吴　凡(女)　　　吴晓童
张宏洲(满族)　武　愕(女)　　　拓西梅(女)
林　伟　易德平　郑　冰(女)　　　孟祥生
柯勤飞(女)　　　顾伟华　徐建光　高　峰　涂善东
黄永华　章　嵘　葛梅琴(女)　　　童小华
曾惠丹(女)　　　鲍丽丽(女)　　　蔡东升　翟金国
潘永俭

江苏省科协代表团(35人)

陈　骏　孙春雷　吕　凌　王立华(女)

王　欢（女,满族）王建明　王　琴（女）　　　朱　军

朱　艳（女）　　朱　焱　任洪强　庄德宁

刘双丽（女）　　刘　庄　刘志红（女）　　芮筱亭

严　伟　杜海鹏　杨国华　杨保东　沈玉阳　沈洪兵

陆　军　陈晓华　易中懿　金　磊（女）　　周振程

庞　伟　俞晓磊（满族）　高裕弟　谈昆仑　常　进

崔铁军　程　波（女）　　赖文勇

浙江省科协代表团（36 人）

谢志远　李小年　陆　锦　王立平　王　猛

王慧波（女）　　仇　旻　田　梅（女）

付彩云（女）　　包　刚（满族）　朱　瑾（女）

刘湘雯（女）　　杨　波（女）　　吴吉义　何　勇

汪希燕（女）　　忻　皓　张荣社　陈昕昳

陈　思（女）　　陈　亮　范　渊　罗方赞　周　强

郑宇化　郑志源　郑健波　孟　红（女）　　胡　强

施一公　施　英（女）　　高峰莲（女）

高　超（土家族）董黎明　赖　颖　管志强

安徽省科协代表团（29 人）

韩　军　王　洵　王毓江　王玉叶（女）　　朱恒银

朱　艳（女）　　朱　颜（女）　　刘庆峰　刘兴荣

刘　丽（女）　　刘国英（女,蒙古族）　刘晓平

李志菊（女）　　肖桂然（女）　　吴志辉　汪　杰

汪香婷（女）　　陈　军　陈　君（女）　　罗喜胜

俞书宏　秦玲玲（女）　　　袁　亮　柴培钰（回族）
彭　寿　彭春斌　董天放　韩明锋　潘建伟

福建省科协代表团（27 人）
郑兰荪　曾能建　兰思仁（畲族）　　丁韵芳（女）
王长平　尤典真　付贤智　朱明生　朱凌波　朱鹏立
刘建平　李诗勤　肖维军　吴丹丹（女）　　宋久鹏
张艳璇（女）　　张铭华　陈晓春　陈肇坤　郑　志
钟昌穗（女,畲族）聂泳忠　徐爱聪（女,回族）
陶　静（女）　　章金良　谢宝缘（女）
鲍红丽（女）

江西省科协代表团（25 人）
史　可　曾　萍（女）　　　谢　慧（女）
万芬芬（女）　　文伟峰　龙卫球　占　萍（女）
冯青松　刘文峰　刘智艺　刘智辉　李　静（女）
何敏奇（女）　　余云霞（女）　　邹玉萍（女）
张金艳（女,蒙古族）　　林庆星　罗旭彪　周光灿
郑馨贵（瑶族）　　郭海峰　黄才发　童宏华
虞　萍（女）　　鲍敏丽（女,蒙古族）

山东省科协代表团（34 人）
王恩东　王春秋　纪洪波　王文娟（女）　　　王　师
王　建　王　涛（女）　　　卞　军（女）　　孔令让
史本康　朱俊科　刘长文　孙晓非　李　川　李术才

118

李艳华(女)　　　杨美红(女)　　　辛华龙　　张广勇

张秀峰(女)　　　张　勇(回族)　　　张　静　　陈培敦

宛　斌(回族)　　　孟庆海　　贾新华　　夏江宝　　徐勤夫

梁建英(女)　　　傅文韬　　谢士江　　甄爱华(女)

臧新宇　　戴彩丽(女)

河南省科协代表团(31人)

谈朗玉(女)　　　张新友　　于　滔(女)　　　于为民

王小星　　王杜娟(女)　　　王宗敏　　王复明　　王俊杰

尹新明(女)　　　石素月(女)　　　白红菊(女)

白瑞娟(女)　　　冯淑霞(女)　　　刘　峰　　祁兴磊

李志伟　　李连成　　李　剑　　杨　兵　　吴予红(女)

张金良　　张善伟　　陈广文　　陈建立　　郑　玲(女,回族)

宛　磊(回族)　　　赵　辉(女,满族)　徐振方

郭会芳(女)　　　靳　林

湖北省科协代表团(34人)

叶贤林　　陈光勇　　杨亚东　　万美萍(女)

马亚楠(女,回族)　王　宇　　石召华　　田习姣(女)

光振雄　　朱志强　　向子明(土家族)　　刘国元　　刘学新

刘秋香(女)　　　江波涛　　李莉莉(女)

吴世英(女)　　　吴　杰(女)　　　佘克先(女,土家族)

宋泽啟　　张从艳(女)　　　陈　蓉(女)　　　柳晓军

段晋宁(女)　　　姜德生　　姚江林　　姚宜斌

徐双艳(女)　　　徐恭义　　黄天骥　　黄　立　　曹　锋

游艾青　赖旭龙

湖南省科协代表团（28人）

刘小明　柏连阳　周后德　文兴忠（土家族）　邓述东
冯江华　向建军　刘　佳（土家族）　刘激扬（女）
孙小琴（女）　　李范坤　李艳群（女）
杨　银（女）　　肖　涛　肖尊湖　张　玲（女）
陈　伟（土家族）　段美娟（女）　　柴立元
高　尚（女）　　唐　君（女）　　黄名勇　梁红文
彭　英（女）　　蒋晓云（女）　　綦恒柏　廖寄乔
翦爱华（女,维吾尔族）

广东省科协代表团（37人）

陈　勇　郑庆顺　刘治民　王　蓓（女）　　王　磊
韦如萍（女,壮族）　匡　铭　成守珍（女）　　刘学华
刘桂雄　孙炳刚　李向阵（女）　　李德波（土家族）
杨　洲　吴泽文　何　晖（女）　　余中翠（女）
汪永红　张春扬　陈丕立　陈宏淡　陈贤帅（壮族）
陈振明　陈湘生　林　祥　罗光华　郑李娟（女）
洪祥武　费　霞（女）　　徐义刚　徐天平
徐玉娟（女）　　崔　岩　蒋宇扬　詹文河　蔡卓平
薛其坤

广西壮族自治区科协代表团（21人）

黄日波（壮族）　　纳　翔（满族）　　黄星华（瑶族）
王龙林　邓国富　田芳颖（女,壮族）孙希延（女）

120

苏秀清(女)　　　李月葵(女)　　　杨章旗
范琼瑛(女)　　　林铁坚　周　柯　袁育林　袁智军
俸文英(女)　　　梁小霞(女)　　　韩林海
蓝江培(壮族)　　廖雪萍(女)　　　廖善宗(壮族)

海南省科协代表团(17人)

胡月明　骆清铭　林明才　白先权(苗族)
邢　巧(女)　　　邢福甫　刘立武　许心立(女)
杨小锋　陈传佳　钟　芳(女)　　　秦　陈
徐　静(女)　　　黄东勉(女)　　　蔡　敏　廖道龙
戴好富

重庆市科协代表团(27人)

王合清　刘宴兵　吕春燕(女)　　　王丽丹(女)
卞修武　石维娜(女)　　　史浩飞　代方银(土家族)
任其亮　刘敢新　严　涛　李　彦　李　婷(女)
束　为　陈　娟(女)　　　罗　阳　罗重生　周迎春
赵景宏(女)　　　段绍建　高新波　唐文革
黄　莹(女)　　　龚素华(女,苗族)韩　鹏　舒　畅
赖薪郦(女)

四川省科协代表团(42人)

李言荣　罗　蓉(女)　　　鲁　燕(女)　　　丁　兆
万居易　万　强　王秀全　王　健　王　涛　毛大付
方　宇　尹晓辉(女)　　　孔新海　冯秋红(女)

冯　琳（女）　　　朱福兴　刘明侦（女）　　　刘新民

孙　群（女）　　　李　华　李　纯（女）　　　李　骞

杨丽琳（女）　　　杨昌林（土家族）　杨　斌（彝族）

张　怡（女）　　　陈绍泉　赵　川　赵晓明　莫则尧

徐开凯　徐　凤（女）　　　徐　澜（女）

郭　璐（女）　　　唐利军　勒乌戈（藏族）

黄邓萍（女）　　　彭　玺　蒋　艳（女）　　　韩振宇

雷　伟　魏荷琳（女）

贵州省科协代表团（20人）

向虹翔（苗族）　　　宋宝安　刘作东（苗族）

邓　笑（女，苗族）　史廷昌（仡佬族）　刘　彦（女）

杨家辉　杨　菲　肖政华（回族）　　　吴宽斌　邱　伟

张　胤（女，彝族）　陆永江（女，侗族）　姜　鹏

钱　岩（女）　　　徐颖键　阎　硕　展茂魁

常　芮（女）　　　景亚萍（女）

云南省科协代表团（19人）

朱有勇　马宇梅（女）　　　彭寿才　于　黎（女）

王庆慧（女）　　　王星云　刘光华　那　靖

李　超（傣族）　　杨　洁（女）　　　杨祚璋

沐华斌（回族）　　张　云（女，藏族）和培铖（纳西族）

耿嘉蔚（女）　　　葛元靖　董弋萱（女）

普诺·白玛丹增（藏族）　谢　俊

西藏自治区科协代表团（12人）

程四曲（藏族）　　图登克珠（藏族）

尼玛次仁（藏族）　　王文峰　扎　西（藏族）

巴桑旺堆（藏族）　　多　杰（藏族）

拉　琼（女,藏族）格桑罗布（藏族）　格桑措姆（女,藏族）

桑　布（藏族）　隆宇辉（女）

陕西省科协代表团（33人）

蒋庄德　李豫琦　闫锡林　丁震霞（女）　　丁德科

王莹莹（女,达斡尔族）　　王彬文　王　震　邓红兵

史　今（女）　　任　远　刘　敏（女,回族）

刘鸿娟（女）　　李建峰　李肇娥（女）

李　赞（女）　　杨　勇　吴善超　吴群英

张玉莲（女）　　张　扬（女,蒙古族）　　张应龙

陈镱文（女）　　罗品芝（女）　　赵政阳　赵祥模

郝　伟　耿占军　党　莉（女）　　高　岭　郭烈锦

董红梅（女）　　管晓宏

甘肃省科协代表团（25人）

陈炳东　李凤奇　张兴中　马　鹏（回族）　　王文龙

车宗贤　付　燕（女,土家族）　　华　燕（女）

刘　蔚（女）　　贡　力　严纯华　李　广　张永胜

张虎胜　陈　馨（女）　　拉毛吉（女,藏族）周　强

莫尊理　徐淑贤（女）　　郭　哲　郭清毅（女）

路晓明　窦晓利（女）　　漆新平　翟政娇（女）

青海省科协代表团(18人)

尤伟利　王　彤(女)　　　肖　宏　马　莲(女,回族)
马恩波(回族)　　王振海(藏族)　　牛豫娟(女)
公保才旦(藏族)　　　年洪恩　李坤平
杨希娟(女)　　杨其恩　杨鸿海　杨森林　张　强
林鹏程　赵海兴　鄂小芹(女,土家族)

宁夏回族自治区科协代表团(18人)

陈红缨(女)　　　李　星　周东海　丁茂生(回族)
马玉山　王　冰　王晓平(女)　　　白　静(女)
孙鸿睿(女)　　　杨正军(回族)　　杨　怡(女,回族)
姚　敏　徐利岗　曹有龙　梁玉斌　彭　凡
鲁　玮(回族)　　蔡进军

新疆维吾尔自治区(含新疆生产建设兵团)科协代表团(20人)

丁有明　吕学强　帕提曼·阿布力肯(女,维吾尔族)
王天雨　王　娜(女)　　　木胡牙提(哈萨克族)
孔宪辉　邓铭江　艾先涛　卢秀梅(女)
刘　浪(女)　　　肖文交　宋晓玲(女)
张红艳(女)　　　张　锐(女)
阿吉艾克拜尔·艾萨(维吾尔族)
凯赛尔·阿不都克热木(维吾尔族)　罗　晖(女,白族)
姚　强　银　波

企业第一代表团(28人)

杨金成　吴曼青　郝晓东　马丽群(女)

勾宪芳(女)　　　叶　聪　宁允展　孙　滔　李正茂
李自刚　李　智　杨晓明(藏族)　吴礼军　张　尼
张继军　张晶波(女)　　　陈学东　罗　琦
周时莹(女)　　　郑　晔　郑晨焱　郝小明
聂义宏(女)　　　殷　皓　高凤林　黄　莹(女)
梁权伟　谢在库

企业第二代表团(37人)
严建文(回族)　　　张　竞(女)　　　陈力翊(女)
王正志　王学通　王宝龙　王宪朝　方　毅　付英波
司留启　朱琳琳(女,羌族)刘志硕　刘丽君(女)
刘若鹏　刘　琼　许泽玮　严望佳(女)
李艳飞(女)　　　杨少毅　吴泽源　汪旭东
张可朋(回族)　　　张丽娟(女)　　　张晓辰　陈明志
林海青　周　源　钟春燕(女)　　　高攀亮
唐忆鲁(女)　　　葛　群　喻　玺　程　磊　谢应波
廉正刚　管新飞　薛　驰

解放军和武警部队代表团(20人)
马伟明　吕跃广　陈　薇(女)　　　余晓刚　王守杰
孔志印　史　辉(女)　　　付小兵　任向红(女)
关　欣(女,满族)杨长风　杨必武　杨　倩(女)
吴升艳(女)　　　何卫锋　陈　瑾(女)　　　姜秋喜
唐志共　黄　锦(女)　　　韩益亮

中国科学技术协会第十次全国代表大会主席团组成人员名单

（共127名，按姓氏笔画为序）

丁有明　万　钢　万建民　马伟明　马兴发　马　林

王　博　王小兰（女）　　王合清　王守东　王进展

王恩东　尤　政　尤伟利　方　新（女）

巴桑旺堆（藏族）　邓中翰　邓秀新　卢怀玉　叶　聪

叶玉如（女）　　叶贤杯　田　刚　史　可

付巧妹（女）　　白春礼（满族）　　包为民　冯志君

宁允展　吕昭平　吕智强　朱有勇　朱蓓薇（女）

乔　杰（女）　　向　巧（女,苗族）向虹翔（苗族）

刘小明　刘庆峰　刘若鹏　刘明侦（女）　　刘德培

齐　让　严建文（回族）　　李　华　李　洪　李元元

李言荣　李党生　李静海　杨　伟　杨劼（女,蒙古族）

杨玉良　杨金成　束　为　吴　跃　吴孔明　吴伟仁

吴曼青　何华武　沈　岩　沈爱民　怀进鹏　宋　军

宋永华　张　杰　张进华　张荣桥　张桃林　陆为民

陈　勇　陈　骏　陈　薇（女）　　陈红缨（女）

陈学东　陈炳东　陈维江　陈惠娟（女）

陈赛娟(女)　　　武向平　林　天　欧阳竹　罗　琦
周守为　凯赛尔·阿不都克热木(维吾尔族)　庞　达
郑兰荪　郑晓静(女)　　　孟　红(女)　　　孟庆海
项昌乐　赵玉沛　赵巍胜　胡月明　段惠军　侯　晓
施一公　袁亚湘　莫则尧　夏　强　徐延豪
徐晓兰(女)　　　殷　皓　高　松　高　福　高鸿钧
郭东明　谈朗玉(女)　　　黄日波(壮族)　　　黄璐琦
曹淑敏(女)　　　龚　克　龚旗煌　麻　魁(蒙古族)
蒋庄德　韩　军　韩启德　韩喜球(女)
程东红(女)　　　程四曲(藏族)　　　舒印彪　谢志远
雷增光　潘建伟　薛　澜　薛其坤　穆荣平(回族)
戴琼海

中国科学技术协会第十次全国代表大会常务主席团组成人员名单

（共 51 名，按姓氏笔画为序）

万　钢　　万建民　　马伟明　　王恩东　　尤　政　　邓秀新

田　刚　　包为民　　朱有勇　　乔　杰（女）

向　巧（女，苗族）　刘德培　　李　华　　李　洪　　李言荣

李静海　　杨　伟　　何华武　　沈　岩　　怀进鹏　　陈　勇

陈　骏　　陈　薇（女）　　陈学东　　武向平　　周守为

庞　达　　郑兰荪　　郑晓静（女）　　孟庆海　　项昌乐

赵玉沛　　段惠军　　侯　晓　　施一公　　袁亚湘　　莫则尧

徐延豪　　高　松　　高鸿钧　　郭东明　　黄日波（壮族）

黄璐琦　　龚旗煌　　蒋庄德　　韩　军　　韩启德　　舒印彪

潘建伟　　穆荣平（回族）　　戴琼海

中国科学技术协会第十次全国代表大会秘书长、副秘书长名单

秘 书 长:怀进鹏

副秘书长:王守东　王进展　吕昭平　束　为
　　　　　　宋　军　孟庆海　徐延豪　殷　皓

中国科学技术协会
第十届全国委员会主席、副主席、
常务委员、委员名单

一、中国科学技术协会第十届全国委员会主席

万　钢

二、中国科学技术协会第十届全国委员会副主席（共 18 人，
按姓氏笔画为序）

马伟明　尤　政　邓秀新　包为民　乔　杰（女）

向　巧（女,苗族）杨　伟　怀进鹏　陈　薇（女）

陈学东　孟庆海　施一公　袁亚湘　莫则尧　高　松

高鸿钧　黄璐琦　潘建伟

三、中国科学技术协会第十届全国委员会常务委员会委员
（共 56 人,按姓氏笔画为序）

万　钢　马伟明　王　博　王合清　王进展　王恩东

尤　政　巴桑旺堆（藏族）邓秀新　卢怀玉　叶　聪

叶玉如（女）　　付巧妹（女）　　包为民　宁允展

吕昭平　吕智强　朱蓓薇（女）　　乔　杰（女）

向　巧（女,苗族）　刘庆峰　刘若鹏　刘明侦（女）

李元元　李党生　杨　伟　束　为　吴孔明　吴曼青

怀进鹏　宋永华　张　杰　张进华　张荣桥　陈　勇

陈　薇（女）　陈红缨（女）　陈学东　陈维江

武向平　罗　琦　凯赛尔·阿不都克热木（维吾尔族）

孟庆海　赵巍胜　施一公　袁亚湘　莫则尧　殷　皓

高　松　高鸿钧　黄璐琦　龚旗煌　韩喜球（女）

潘建伟　薛　澜　薛其坤

四、中国科学技术协会第十届全国委员会委员名单（共 390 人,按姓氏笔画为序）

丁有明　丁志峰　丁茂生（回族）　丁奎岭

于　黎（女）　于小虎　于吉红（女）　于明祥

于忠山　于欣丽（女）　万　钢　万芬芬（女）

万建民　马　超　马　歆（女）　马伟明　马兴发

马爱文　马福海　王　凡　王　刚　王　奕（女）

王　洵　王　娜（女）　王　健　王　涛（女）

王　涛　王　博　王　韵（女）　王二涛

王小云（女）　王飞跃　王正志　王延祐　王合清

王守东　王红阳（女）　王进展　王时伟　王国辰

王建华　王春秋　王俊利　王恩东　王彬文　王新江

王耀南　尤　政　尤伟利　巨东英　牛东晓　毛大付

毛大庆　卞永明　方　方　方　忠　方　毅　方岱宁

方宪法　巴桑旺堆（藏族）　邓秀新　艾先涛

石　勇（苗族）　石　楠　龙卫球　卢怀玉　卢春房

叶　聪　叶玉如(女)　　　叶贤林　申金升　田　刚
田　梅(女)　　　付巧妹(女)　　　白　卉(女,蒙古族)
白由路　仝小林　包为民　冯志君　冯连世　冯夏庭
冯淑霞(女)　　　冯新斌　宁允展　尼玛次仁(藏族)
匡　铭　成升魁　成诗明(女)　　　吕学强　吕昭平
吕爱辉(女)　　　吕跃广　吕智强　朱　莎(女)
朱立新　朱有勇　朱庆山　朱蓓薇(女)
乔　杰(女)　　　伏广伟　向　巧(女,苗族)
向虹翔(苗族)　　刘　丽(女)　　　刘　彦(女)
刘　峰(中国煤炭工业协会)
刘　峰(中国档案学会)　　刘　敏(女,回族)
刘大可(女)　　　刘小明　刘文杰　刘文峰　刘正雷
刘世荣　刘庆峰　刘兴平　刘军萍(女)　　　刘纪雷
刘志红(女)　　　刘志硕　刘丽君(女)
刘秀玲(女,回族)刘若鹏　刘明侦(女)　　　刘保延
刘章锁　关　静(女)　　　江用文　池　宏
池　慧(女)　　　汤鑫华　许泽玮　孙　乐　孙　滔
孙小淳　孙正运　孙东明　孙立宁　孙春雷　孙咸泽
芮筱亭　严纯华　严建文(回族)　　严望佳(女)
苏秀清(女)　　　李小年　李元元　李正茂
李红霞(女)　　　李连成　李言荣　李坤平　李宗浩
李党生　李晓刚　李晓虎　李海燕(女)　　　李喜和
李豫琦　杨　伟　杨小镃　杨占峰　杨礼富　杨庆新
杨希娟(女)　　　杨晓光　杨晓江　杨焕明　束　为
肖艳红(女)　　　吴　季　吴升艳(女)　　　吴孔明

132

吴玉章　吴安华　吴欣娟（女）　　　吴泽源　吴建平
吴曼青　吴善超　岑浩璋　何卫锋　何鸣鸿　何满潮
沈　清　怀进鹏　宋永华　宋延林　宋宝安　宋超智
张　旭　张　杰　张　莹（女）　　　张　辉　张广军
张幼怡（女）　　　张延川　张进华　张志强
张抒扬（女）　　　张丽萍（女）　　　张英俊　张佳宝
张金良　张宝晨　张春华　张春英（女）　　　张荣桥
张树林　张晓玲（女）　　　张晓燕（女）　　　张福仁
张福锁　张德清　陆大明　陆日宇（朝鲜族）　陆为民
陈　军　陈　英　陈　勇　陈　娟（女）　　　陈　骏
陈　蓉（女）　　　陈　鹏　陈　薇（女）
陈　馨（女）　　　陈十一　陈山枝　陈文涛　陈发虎
陈伟明　陈红缨（女）　　　陈志强　陈幸良　陈明志
陈学东　陈香美（女）　　　陈剑平　陈炳东　陈振明
陈晔光　陈海生　陈维江　邵　薇（女）
纳　翔（满族）　　武　强　武向平　范　渊　范文慧
林　天　林明森　林忠钦　欧建成　尚春明　罗　格
罗　晖（女,白族）罗　琦
凯赛尔·阿不都克热木（维吾尔族）　季　林　金东寒
金灿荣　金智新（满族）　　　周　源　周平坤　周伟奇
周时莹（女）　　　周德山　底青云（女,回族）郑兰荪
郑庆顺　郑李娟（女）　　　郑素萍（女,壮族）屈　强
孟庆海　赵　罡　赵巍胜　郝卫东　胡　洁　胡义萍
胡月明　胡文鑫（满族）　　　胡所亭　胡承森　胡海岩
柏连阳　钟林生　种　康　修　龙　侯　晓　饶　权

施一公　姜文波　姜恩来　娄智勇　姚宜斌　姚俊臣
姚檀栋　骆清铭　秦　川（女）　秦继荣　袁　利
袁亚湘　袁智军　聂建国　莫则尧　贾明星　贾金生
夏　扬　顾　瑛（女）　晏志勇　钱　岩（女）
徐　涛　徐　颖（女）　徐延豪　徐明波　徐建光
徐建国　徐德鸿　殷　皓　高　松　高　翅　高吉喜
高会军　高焕芝（女）　高鸿钧　高裕弟
高瑞平（女）　高新波　郭　哲　郭东明
郭立新（女）　郭传瑸　郭良栋　郭素萍（女）
唐卫清　唐威华（女）　陶　静（女）
黄　莹（女）　黄　晶　黄才发　黄路生　黄璐琦
曹　荣　曹春昱　龚旗煌　常翠青（女）　崔　鹏
崔世平　崔利锋　崔恒建　麻　魁（蒙古族）　康　乐
梁建英（女）　彭　寿　彭友良　彭明强　葛　群
蒋　艳（女）　蒋庄德　蒋宇扬　蒋晓云（女）
蒋澄宇（女）　韩振宇　韩喜球（女）　景益鹏
程四曲（藏族）　舒印彪　童小华　曾　萍（女）
曾能建　谢小勇　谢志远　谢剑平　谢潮添　詹仁斌
詹祥江　廖森泰　谭天伟　樊代明　潘建伟　薛　澜
薛其坤　穆荣平（回族）　戴国强（蒙古族）　戴厚良
戴彧虹　戴琼海　魏　伟　魏山忠　魏均民　魏辅文

中国科学技术协会第十届书记处
第一书记和书记名单

一、中国科学技术协会第十届书记处第一书记

怀进鹏

二、中国科学技术协会第十届书记处书记

孟庆海　束　为　吕昭平(挂职)　　殷　皓　王进展

关于授予中国科学技术协会
荣誉委员职务的决定

　　为深入贯彻落实中共中央批准的《科协系统深化改革实施方案》,根据《中国科学技术协会章程》关于授予中国科协荣誉职务的规定,按照中国科学技术协会第十次全国代表大会主席团第三次会议通过的《关于授予中国科协荣誉职务的原则》,决定授予下列 30 名同志中国科学技术协会荣誉委员职务(按姓氏笔画为序):

马　林　　王　曦　　王永志　　王启民　　王春法　　李　华
李　洪　　李静海　　杨金成　　吴伟仁　　吴海鹰(女,回族)
何华武　　沈　岩　　宋　军　　陈左宁(女)　　　　欧阳竹
周守为　　郑哲敏　　郑晓静(女)　　　　项昌乐　　赵玉沛
钟南山　　姚建年　　钱七虎　　徐晓兰(女)　　　　高　福
曹淑敏(女)　　　　曾益新　　谢和平　　雷增光

中国科学技术协会第十次
全国代表大会文件起草工作委员会、组织工作委员会、代表资格审查委员会职责及组成人员名单

（2021 年 5 月 27 日中国科学技术协会九届全委会第八次会议通过）

文件起草工作委员会

职　责：

一、根据中央的有关指示精神，在第十次全国代表大会筹备和召开期间，指导文件组修改《中国科学技术协会章程》，起草《中国科协第九届全国委员会工作报告》、《中国科学技术协会事业发展"十四五"规划（2021—2025 年)》等大会相关文件；

二、以多种形式听取对上述文件的意见；

三、提出对文件的修改意见。

主　任：万　钢

副主任：袁亚湘　徐延豪　宋　军

委　员（按姓氏笔画为序)：

吴孔明　武向平　赵玉沛　殷　皓

秘　书:郭　哲

组织工作委员会

职　责:

一、负责"十大"筹备和大会期间的组织工作事项;

二、对提名为十届全国委员会委员的候选人进行审核;

三、按照中央书记处的指示精神,在中央组织部的领导下,酝酿提出全国委员会主席、副主席、常务委员候选人人选;

四、负责提出授予荣誉职务的原则及建议名单;

五、向全体代表预备会议、全国委员会会议、常务委员会会议、主席团会议和常务主席团会议汇报有关组织工作情况;

六、负责其他需组织工作委员会承办的事项。

主　任:怀进鹏

副主任:孟庆海　束　为

委　员(按姓氏笔画为序):

　　　　王进展　　吕昭平　　项昌乐　　曹淑敏(女)　　龚旗煌

秘　书:李坤平

代表资格审查委员会

职　责:

一、根据《中国科学技术协会选举工作条例》,按照中国科协"十大"代表选举工作方案,审查选举产生的代表是否符合代表条件;

二、审查选举单位(中国科协全国学会、协会、研究会,各省、自治区、直辖市科协,新疆生产建设兵团科协,中央统战部,国务院国资委,中央军委政治工作部,全国工商联,中国科协机关、中国科协常委会有关专门委员会等)选举产生的代表是否符合民主程序;

三、对不符合代表条件或不符合民主程序产生的代表,提出取消其代表资格或要求选举单位重新进行选举产生人选的意见;

四、向九届八次全委会议作代表资格审查的报告。

主　任:李静海

副主任:沈　岩　王守东

委　员(按姓氏笔画为序):

　　　施一公　高　松　黄璐琦　雷增光

秘　书:谭华霖

关于开展"自立自强　创新争先"行动的倡议

　　新一轮科技革命和产业变革突飞猛进,世界百年未有之大变局加速演进。科学技术从未像今天这样深刻影响着国家前途命运、深刻影响着人民生活福祉。站在"两个一百年"奋斗目标的历史交汇点,我们深刻领会习近平总书记和党中央的殷切期望,深切感受科技自立自强的时代呼唤。在第五个全国科技工作者日到来之际,中国科协第十次全国代表大会向全国科技工作者倡议开展"自立自强　创新争先"行动。

　　明理增信、崇德力行。从党的百年奋斗中感悟信仰的力量,筑牢信念信心,牢记初心使命,坚定不移听党话、跟党走。立足新发展阶段,贯彻新发展理念,构建新发展格局,把人生理想融入全面建设社会主义现代化国家的伟业中。

　　胸怀祖国、服务人民。胸怀"两个大局",心系"国之大者",矢志爱国奋斗,当好高水平科技自立自强的排头兵,构筑国家永续发展、持久安全的科技长城,共同书写建设世界科技强国的精彩篇章。

　　创新创造、勇攀高峰。坚持"四个面向",不断向科学技术广度和深度进军,以与时俱进的精神、革故鼎新的勇气、坚忍不拔的定力，勇闯创新"无人区"，抢占关键核心技术制高点。

扎根大地、自觉奉献。践行科学家精神，严谨治学，全心投入，做清新学风、清正作风的营造者。甘当人梯、奖掖后学，协力托举人才成长。主动投身科技志愿服务，弘扬科学精神，普及科技新知，倡导科学方法，助力乡村振兴，把论文写在祖国大地上。

面向世界、开放合作。深度参与全球科技治理，塑造科技向善的文化理念，让科技更好增进人类福祉。增进对国际科技界的开放、信任、合作，为构建人类命运共同体贡献智慧力量。

自主创新事业大有可为，科技工作者大有作为。让我们更加紧密地团结在以习近平同志为核心的党中央周围，众心向党、自立自强，为建成世界科技强国、实现中华民族伟大复兴而努力奋斗！

2021 年 5 月 30 日

努力实现高水平科技自立自强

人民日报评论员

（2021 年 5 月 30 日）

科技立则民族立，科技强则国家强。在"两个一百年"奋斗目标的历史交汇点、开启全面建设社会主义现代化国家新征程的重要时刻，中国科学院第二十次院士大会、中国工程院第十五次院士大会和中国科协第十次全国代表大会隆重开幕，这是共商推进我国科技创新发展大计的一次盛会。

习近平总书记在大会上发表重要讲话，回顾了我们党在各个历史时期对科技事业的高度重视，总结了我国科技事业取得的新的历史性成就，分析了新一轮科技革命和产业变革的演化趋势，明确了加快建设科技强国的重点任务，对更好发挥两院院士和中国科协作用提出殷切希望，具有很强的思想性、指导性、针对性，对于我们实现高水平科技自立自强、向第二个百年奋斗目标胜利进军具有重大意义。

今年是中国共产党成立一百周年，我们党始终高度重视科技事业，科技事业在党和人民事业中始终具有十分重要的战略地位、发挥了十分重要的战略作用。党的十九大以来，以习近平同志为核心的党中央坚持把科技创新摆在国家发展全局的核心位置,坚持党对科技事业的全面领导,牢牢把握建设世界科技强国的战略目标,充分发挥科技创新的引领带动作用,全面部署科技创新体制改革,着力实施人才强国战略,扩大科技领域开放合作。几年来,我国科技实力正在从量的积累迈向质的飞跃、从点的突破迈向系统能力提升,基础研究和原始创新取得重要进展,战略高技术领域取得新跨越,高端产业取得新突破,科技在新冠肺炎疫情防控中发挥了重要作用,民生科技领域取得显著成效,国防科技创新取得重大成就。我国科技创新取得新的历史性成就充分证明,我国自主创新事业是大有可为的!我国广大科技工作者是大有作为的!

察势者智,驭势者赢。当今世界百年未有之大变局加速演进,不稳定性不确定性明显增加,我国发展面临的国内外环境发生深刻复杂变化。科技创新成为国际战略博弈的主要战场,围绕科技制高点的竞争空前激烈。习近平总书记深刻指出:"我们必须保持强烈的忧患意识,做好充分的思想准备和工作准备。"要深刻认识到,当前新一轮科技革命和产业变革突飞猛进,科技创新广度显著加大、深度显著加深、速度显著加快、精度显著加强。我国"十四五"时期以及更长时期的发展对加快科技创新提出了更为迫切的要求,现在,我国经济社会发展和民生改善比过去任何时候都更加需要科学技术解决方案,都更加需要增强创新这个第一动力。形势逼人,挑战逼人,使命逼人。我国广大科技工作者唯有以与时俱进的精神、革故鼎新的勇气、坚忍不拔的定力,面向世界科技前沿、面向经济主战场、面向国家重大需求、面向人民生命健康,把握大势、抢占先机,直面问题、迎难而上,才能肩负起时代赋予的重任。

科技自立自强是促进发展大局的根本支撑,成为决定我国生存和发展的基础能力,构建新发展格局最本质的特征是实现高水平的自立自强。我们国家进入科技发展第一方阵要靠创新,必须加快科技自立自强步伐。党的十九大确立了到2035年跻身创新型国家前列的战略目标,党的十九届五中全会提出了坚持创新在我国现代化建设全局中的核心地位,把科技自立自强作为国家发展的战略支撑。立足新发展阶段、贯彻新发展理念、构建新发展格局、推动高质量发展,必须深入实施科教兴国战略、人才强国战略、创新驱动发展战略,完善国家创新体系,加快建设科技强国,实现高水平科技自立自强。

一代人有一代人的奋斗,一个时代有一个时代的担当。全面建设社会主义现代化国家新征程已经开启,向第二个百年奋斗目标进军的号角已经吹响。在新时代的伟大征程上,砥砺"以身许国,何事不可为"的勇毅担当,激扬"敢为天下先"的创造豪情,勇于创新、顽强拼搏,我们一定能为建成世界科技强国、实现中华民族伟大复兴不断作出新的更大贡献。

实现高水平科技自立自强

光明日报评论员

（2021 年 5 月 30 日）

5月28日上午，中国科学院第二十次院士大会、中国工程院第十五次院士大会和中国科学技术协会第十次全国代表大会在京召开。习近平总书记出席大会并发表重要讲话强调，我国广大科技工作者要以与时俱进的精神、革故鼎新的勇气、坚忍不拔的定力，肩负起时代赋予的重任，努力实现高水平科技自立自强。

党的十九大以来，我国科技事业发展迅猛、成绩斐然，基础研究和原始创新取得重要进展，战略高技术领域取得新跨越，高端产业取得新突破，科技在新冠肺炎疫情防控中发挥了重要作用，民生科技领域取得显著成效，国防科技创新取得重大成就。我国科技创新取得新的历史性成就，这一切的关键就在于以习近平同志为核心的党中央精心统筹、谋划大局、深化改革、全面发力。

天问一号成功着陆火星传回中国第一张火星照片、国药新冠疫苗列入世卫组织紧急使用清单、嫦娥五号返回器携带月球样品成功着陆、"九章"计算机助力中国首次实现"量子计算优越性"、"奋斗者"号全海深载人潜水器成功完成万米海试并胜利返航……这一系列重大科技创新成果,无一不是我国科技工作者自立自强、刻苦钻研、潜心研究的成果。世界科技强国能的,我们也能;世界科技强国仍在探索的,我们已然抢先一步。实践证明,我国自主创新事业是大有可为的,我国广大科技工作者是大有作为的。

当前,我国正处在开启全面建设社会主义现代化国家新征程、向第二个百年奋斗目标进军的重要阶段,但世界面临百年未有之大变局,国际国内形势复杂多变。科技事业发展必须立足新发展阶段,面向世界科技前沿、面向经济主战场、面向国家重大需求、面向人民生命健康,坚持把科技自立自强作为国家发展的战略支撑。这就要求广大科技工作者必须坚持问题导向,科技攻关奔着最紧急、最紧迫的问题去,科研方向从国家急迫需要和长远需求出发,坚决打赢关键核心技术攻坚战。

"两院院士是国家的财富、人民的骄傲、民族的光荣。"多年来,大批两院院士立足国家重大战略需求,围绕"人工智能2.0""颠覆性技术""战略性新兴产业""制造强国""能源战略""新材料""生态文明"等重大方向,为国家制定重大政策提供了强有力的科技支撑。我们要发挥两院作为国家队的学术引领作用、关键核心技术攻关作用、创新人才培养作用,发挥好中国科协所肩负党和政府联系科技工作者桥梁和纽带的职责。加强原创性、引领性科技攻关,强化国家战略科技力量,提升国家创新体系整体效能,推进科技体制改革,形成支持全面创新的基础制度,激发各类人才创新活力,建设全球人才高地。

新一轮科技革命和产业变革的演化趋势已然清晰,加快建设科技强国的重点任务已然明确,我们必须把握大势、抢占先机,直面问题、迎难而上,完善国家创新体系,加快建设科技强国,实现高水平科技自立自强,以优异成绩庆祝中国共产党百年华诞,为把我国建设成为富强民主文明和谐美丽的社会主义现代化强国、实现中华民族伟大复兴的中国梦不懈奋斗。

以高水平自立自强
全面推进科技强国建设

科技日报社论

（2021 年 5 月 29 日）

　　历史总在波澜变革中书写新篇章。5 月 28 日，中国科学院第二十次院士大会、中国工程院第十五次院士大会、中国科学技术协会第十次全国代表大会"三会聚首"，在人民大会堂隆重召开。这是我们在"两个一百年"奋斗目标的历史交汇点、开启全面建设社会主义现代化国家新征程的重要时刻，共商推进我国科技创新发展大计的一次盛会。习近平总书记在会上发表重要讲话强调，坚持把科技自立自强作为国家发展的战略支撑，加快建设科技强国，实现高水平科技自立自强。

　　行棋当善弈，落子谋全局。在革命、建设、改革各个历史时期，我们党都高度重视科技事业，科技事业在党和人民事业中始终具有十分重要的战略地位、发挥了十分重要的战略作用。党的十九大以来，党中央全面分析国际科技创新竞争态势，深入研判国内外发展形势，坚持把科技创新摆在国家发展全局的核心位置，全面谋划科技创新工作。几年来，在党中央坚强领导下，在全国科技界和社会各界共同努力下，我国科技实力正在从量的积累迈向质的飞跃、从点的突破迈向系统能力提升,科技创新取得新的历史性成就。

纵观人类发展历史,创新始终是一个国家、一个民族发展的重要力量,也始终是推动人类社会进步的重要力量。当下,中国正处于谋求高质量发展关键时期,在完成"十三五"规划全面建成小康社会的基础上,"十四五"规划全面展开,各项改革进入攻坚阶段,经济社会发展对科技创新提出更高要求;放眼全球,当今世界正经历百年未有之大变局,新冠肺炎疫情全球大流行推动这个大变局加速演化,新一轮科技革命和产业革命深入发展,国际格局发生深刻变化。站在新的历史起点上,统筹中华民族伟大复兴战略全局和世界百年未有之大变局,深刻认识我国社会主要矛盾变化带来的新特征新要求和错综复杂的国际环境带来的新矛盾新挑战,立足新发展阶段、贯彻新发展理念、构建新发展格局、推动高质量发展,党的十九届五中全会提出了坚持创新在我国现代化建设全局中的核心地位,把科技自立自强作为国家发展的战略支撑。

加快建设科技强国,实现高水平科技自立自强,要加强原创性、引领性科技攻关,坚决打赢关键核心技术攻坚战;要强化国家战略科技力量,提升国家创新体系整体效能;要推进科技体制改革,形成支持全面创新的基础制度;要构建开放创新生态,参与全球科技治理;要激发各类人才创新活力,建设全球人才高地。习近平总书记提出的这五大重点任务,立足当下,着眼长远,有着强烈的问题意识和鲜明的价值导向,是新时期推动科技创新的行动指南。

全面建设社会主义现代化国家新征程已经开启,向第二个百年奋斗目标进军的号角已经吹响,科技界要更加紧密团结在以习近平同志为核心的党中央周围,以习近平新时代中国特色社会主义思想为指导,以与时俱进的精神、革故鼎新的勇气、坚忍不拔的定力,面向世界科技前沿、面向经济主战场、面向国家重大需求、面向人民生命健康,把握大势、抢占先机,直面问题、迎难而上,肩负起时代赋予的重任,自觉履行高水平科技自立自强的使命担当,发动科技创新的强大引擎,让中国这艘航船向着世界科技强国不断前进,向着中华民族伟大复兴不断前进,向着人类更加美好的未来不断前进。

责任编辑:刘敬文

图书在版编目(CIP)数据

中国科学技术协会第十次全国代表大会文件/中国科学技术
  协会 编. —北京:人民出版社,2021.11
ISBN 978 - 7 - 01 - 023887 - 6

Ⅰ.①中… Ⅱ.①中… Ⅲ.①中国科学技术协会-代表会议-
  文件-汇编 Ⅳ.①G322.25

中国版本图书馆 CIP 数据核字(2021)第 212448 号

中国科学技术协会第十次全国代表大会文件
ZHONGGUO KEXUE JISHU XIEHUI DISHICI QUANGUO DAIBIAO DAHUI WENJIAN
中国科学技术协会 编

人民出版社 出版发行
(100706 北京市东城区隆福寺街 99 号)

中煤(北京)印务有限公司印刷 新华书店经销

2021 年 11 月第 1 版 2021 年 11 月北京第 1 次印刷
开本:880 毫米×1230 毫米 1/32 印张:4.875
字数:101 千字

ISBN 978 - 7 - 01 - 023887 - 6 定价:20.00 元

邮购地址 100706 北京市东城区隆福寺街 99 号
人民东方图书销售中心 电话 (010)65250042 65289539

版权所有·侵权必究
凡购买本社图书,如有印制质量问题,我社负责调换。
服务电话:(010)65250042